식물의

위로

식물의 위로

매일 조금씩 마음이 자라는
반려식물 이야기

박원순 지음

행성B

차례

　나는 대부분의 시간을 식물과 함께 지낸다. 식물은 내 삶의 일부이자 나의 가장 큰 관심사다. 길가에 핀 이름 모를 꽃을 신기해하던 작은 홀씨 같았던 마음이 어느새 우주처럼 커져 버렸다.

　아내를 처음 만났을 때 느꼈던 설렘이 부부의 연으로 이어진 것처럼 식물과도 자연스레 동반자가 되었다. 새로운 꽃들을 알게 될수록 식물에 대한 호기심은 커져 갔고, 그런 호기심은 나를 더 넓은 세상으로 이끌었다.

　식물이 삶에 위로가 될 수 있을까? 이 물음에 대한 답을 구하기 전에 이렇게 되묻는다. 식물이 없다면 누구에게 위안을 받을까? 아내가 이 글을 보면 질투할지 모르겠다. 아내와 사랑에 빠져 지금까지 살아오는 동안 내가 아끼는 식물들도 늘

나와 함께하며 용기와 위로를 주었다는 것을 고백하지 않을 수 없다. 식물은 보고 듣지도, 말하지도, 움직이지도 못하는 것처럼 보이지만 분명 나름대로 정신세계가 있다. 존재 자체로 충분히 어떤 교감을 주고받을 수 있는 대상이다. 곁에 두고 키우기로 한 반려식물이라면 더욱 그렇다.

이 책은 반려식물이 우리 삶에 줄 수 있는 일곱 가지 위로에 대해 이야기한다. 오랜 친구가 그리운 사람, 작지만 소중한 행복을 찾는 사람, 마음의 안정이 필요한 사람, 집중해야 할 일이 너무 많은 사람, 부담 없는 친구가 필요한 사람, 자존감을 높이고 싶은 사람, 혼자 지내는 사람이 그 대상이다.

식물이 우리에게 어떻게 위안을 주는지에 관한 이야기는 자연스레 우리가 그 식물들을 어떻게 보살피고 가꿔야 하는지와 연결된다. 그저 잠깐 결핍을 채우려고 가볍게 기르는 것이 아니라 반려식물로서 그들을 바라본다면 말이다.

크든 작든 내가 만든 정원이나 내가 머무르는 공간에 살고 있는 식물들을 돌보는 일은 그들과 함께하는 삶 자체다. 기르는 식물이 목마르거나 배고파하지는 않는지, 너무 빛을 못 봐 우울해하는 건 아닌지, 잎에 쌓인 먼지 때문에 숨구멍이 막혀 답답해하지는 않은지, 뿌리가 물에 잠겨 있어 익사 직전에 빠진 건 아닌지 늘 세심하게 살펴볼 일이다. 그렇게 식물에게 쓴 마음이 도리어 자신을 정화시키고 이 험한 세상에서 미소와 용기를 잃지 않게 하는 힘이 되기도 한다.

1장

식
물
의　위
로

때때로 몸보다 마음이 우선일 때가 있다. 일상이 공허하고 재미없을 때, 행복감보다 우울감이 자주 나를 덮칠 때, 지친 마음을 달래 주고 위로해 줄 무언가가 필요하다. 그 '무언가'는 사람마다 다르다. 나의 경우에는 이따금 마음속 깊은 곳에 생명의 숨결을 불어넣어 주는 숲이나, 나를 돌아보게 하고 어루만져 주는 식물이다.

스페인 출신 내 친구 스티븐은 햇빛을 좋아했다. 해가 쨍한 봄날이면 집 앞 잔디밭에 간이 테이블을 펼치고 자기가 키우는 남아프리카의 알뿌리 식물을 심은 화분들을 늘어놓았다. 그러고 나서 그 옆에 웃통을 벗고 누워 일광욕을 즐겼다. 아마릴리스, 글로리오사 등 한창 피고 있는 이국적인 꽃들과 함께 세상에서 가장 편한 자세로 휴식을 취했다. 그 장면은 지금 떠올려 봐도 입가에 미소가 번진다. 그에게 그 화분들은 단순한 존재가 아니었다. 사람들이 반려동물과 함께 공원 산책을 하듯, 그도 반려식물들과 함께 자신만의 오붓한 시간을 보냈던 것이다.

스티븐 같은 사람들에게 식물은 단순히 빈 공간을 채우거나 배경 처리를 위한 대상이 아니다. 자신이 늘 관심을 두고 애정을 쏟으며 소통하는 소중한 반려식물이다. '반려'라는 말은 짝이 되는 동무, 영어로 컴패니언*companion*이라고 하는데 가까이 두고 즐긴다는 '애완' 혹은 펫*pet*의 의미와는 다르다. 반려식물은 내가 원할 때만 즐기고 그렇지 않을 때 방치하거나 버리는 것이 아니라 함께 살아가며 보살펴 주어야 하는 존재다.

반려식물은 종류와 출신이 다양하다. 전 세계에 걸쳐 살고 있는 식물이 무려 40만 종에 이른다. 그중 인간이 곁에 두고 키우고 싶은 식물들은 얼마나 많을까. 하지만 집 안이나 사무실 같은 실내에서 키우기 적합한 반려식물은 종류가 제한된다. 가장 많이 사랑받는 반려식물은 일 년 내내 따뜻한 열대 지방이나 아열대 지방에서 자라는 종이다. 이 식물들은 15도에서 25도 사이의 온도에서 잘 사는데 보통 실내 온도가 이 정도이기 때문이다.

온도만큼 식물에게 중요한 것은 빛이다. 식물이 생존하려면 기본적으로 빛이 필요한데, 식물마다 필요한 빛의 양이 다르다. 실내 환경은 바깥보다 훨씬 어둡기 때문에 이런 어두운 환경에서도 잘 견디는 식물이 반려식물로 선택된다. 그늘을 견디는 정도는 식물마다 천차만별이다. 가령 반려식물로 인기가 높은 선인장과 다육 식물은 햇빛을 아주 좋아해 그늘에 두면 서서히 쇠약해진다.

알로에나 크라술라 같은 다육 식물은 그런대로 그늘진 곳에서 키울 수 있지만 매일 최소 대여섯 시간 이상은 밝은 빛을 받아야 잘 자란다. 겉보기에는 안 그럴 것 같은 보스턴고사리 같은 식물도 깊은 그늘에서는 잘 자라기 어렵다. 반면 산세베리아, 스킨답서스, 행운목처럼 그늘에 잘 견디는 식물도 있다. 하지만 이런 식물도 가끔 좀더 밝은 곳으로 위치를 옮겨 주고, 따뜻한 날에는 직사광선이 내리쬐지 않는 바깥에 내놓는 정도로만 신경을 써 주면 더욱 건강하게 자란다.

반려식물의 추억

내가 식물에 이끌리게 된 건 아마도 농촌에서 자랐던 어린 시절의 영향이 크다. 내 기억 속 고향 마을 할머니의 정원은 신기하고 아름다웠다. 뒤뜰에서 자라는 나무에서는 때가 되면 마법처럼 과일이 열렸고, 텃밭의 채소들은 시시때때로 반찬이 되어 밥상 위에 올랐다. 샐비어, 맨드라미, 봉선화 같은 한해살이 꽃들도 마당 한편에 자라면서 매년 스스로 씨를 뿌리고 다시 태어나며 함께 존재했다.

주홍색 백일홍 위로 아름다운 석양빛이 비출 때쯤 할머니는 친구들과 밖에서 뛰놀던 나를 큰 목소리로 부르셨다. 그 무렵이면 집집마다 아궁이에서 불 때는 냄새와 밥 짓는 냄새가 모락모락 피어나곤 했다. 정원의 꽃과 나무들은 나를 알아 달라고 떼쓰거나 욕심 부리지 않고, 시골의 삶 속에서 많은 것을 내어 주며 우리와 함께했다.

그 시절 시골집 정원을 생각하면 애틋하고 그리운 마음이 크다. 그 시간과 공간으로 다시 돌아갈 수 없지만 가끔씩 일상에서 마주치는 추억의 색채와 향기는 내 머리와 가슴 어딘가를 맴돌며 코끝이 찡한 향수를 불러일으킨다. 한줄기 소낙비가 내린 후 불어오는 바람에 섞인 풀 냄새를 맡을 때, 길가에 피어난 빨갛고 노랗고 하얀 꽃들의 잔잔하고 수수한 어우러짐을 볼 때, 뒷산 참나무 숲길을 걸으며 낙엽 밟는 소리와 새소리에 귀 기울일 때, 그 정원은 아직도 내 주위에 그대로 살아 있음을 느낀다.

시골에서 포근했던 어린 시절과 달리, 차들 사이에 갇히고 사람들에게 치이는 피곤한 도시 생활은 나를 고민 속에 하루 하루 살게 했다. 그때 위로가 되었던 것은 순간순간 나에게 말을 건네듯 다가오는 길가에 피어 있는 풀꽃들이었다. 제비꽃이며 닭의장풀이며 애기똥풀이며 이름도 제대로 몰랐던 풀꽃들이 아주 낮은 곳에서 때가 되면 조용히 꽃을 피웠다. 자세를 낮추고 자세히 들여다보고 있으면 잠시나마 마음이 따뜻해졌다.

주변의 풀숲과 나무에서 계절의 흐름에 따라 피고 지는 꽃들을 하나씩 알아 가면서 전에 없던 호기심이 생겨나기 시작했다. 식물은 어떻게 사람에게 위로를 줄까?

신혼살림을 꾸렸던 동네는 전철역으로 가는 길에 젊은 부부가 운영하는 작고 예쁜 꽃집이 있었다. 아침이면 두 부부가 가게 앞에 화분들을 내놓고 물을 주는 모습이 보기 좋았다. 그냥 지나쳐 다니기만 하다 한번은 퇴근길에 용기를 내어 들렀다. 이것저것 식물의 이름과 관리법을 물어보고 화분을 몇 개 구입했다.

작은 화분들이었지만 창가에 올려놓으니 집 안은 물론이거니와 창밖 풍경마저 다르게 보였다. 좁고 분주하기만 했던 회색빛 골목 풍경은 초록 잎들 사이로 생동감이 느껴졌고 비가 내리는 날이면 더 운치 있었다.

가끔씩 꽃집에 들러 화분을 사는 일은 취미가 되었다. 사계절 즐길 수 있는 꽃들은 내가 생각했던 것보다 다양했다. 특별한 날이면 꽃집 주인의 추천으로 컬렉션을 구성한 꽃다발을 만들어 탁자 위를 장식했다.

사무실 책상 위에도 점점 화분이 늘어났다. 파키라, 트리안, 고사리잎아랄리아 같은 식물을 미니 화분에 심어 놓으니 앙증맞은 느낌이 볼 때마다 참 좋았다. 봄에는 베란다에 서향과 라일락을, 여름에는 치자나무와 분꽃, 가을과 겨울이 다가오면 국화와 포인세티아 화분을 들여놓았다.

일을 하다 피곤한 눈을 돌려 초록 식물을 바라보면 잠시나마 편안함과 신선함을 느꼈다. 무럭무럭 잘 자라고 새순도 곧잘 올라오는 식물들을 보면 가슴이 두근거렸다. 화분이 꽉 찬 식물을 분갈이해 주면 왠지 큰일을 한 것 같아 마음이 뿌듯했다. 포기를 나누어 작은 화분에 옮겨 심고 동료들에게 분양해 주면 더 큰 보람을 느꼈다. 기회가 될 때마다 좋아하는 식물들을 하나씩 구해서 키우다 보니 점점 식구들이 늘어나는 재미가 쏠쏠했다. 내게 식물들은 개와 고양이 같은 반려동물처럼 소중하게 느껴졌다.

반려식물의 위로

식물을 기르기 시작한 후 식물과 함께 살아가는 일 그 자체가 근사한 라이프 스타일, 삶의 중요한 가치를 추구하는 새로운 방편이 될 수 있음을 깨달았다. 그러자 내가 머무르는 공간에 식물이 없다는 것을 상상하기 어려웠다.

집에 돌아오면 가장 먼저 식물들을 한번 쭉 살펴본다. 하루 종일 떨어져 있었던 식구들 얼굴을 살피듯 오늘 하루는 어땠는지 식물들에게 안부를 묻는다. 현관, 거실, 주방, 베란다, 침실, 서재 등 집 안 곳곳에 식물들이 자리를 잡았다. 어제와 변함없이 쌩쌩한 화분들을 보면서 식물들이 또 하루를 건강하게 보내준 것에 대해 고마움을 느낀다.

하지만 조금 시원찮아 보이는 녀석도 있다. 아무래도 좀더 밝은 곳을 원하거나 양분이 부족할지 모른다. 어느 날 갑자기 잎을 우수수 떨어뜨리는 식물도 있다. 뭔가 대단히 불편한 상태이거나 이제 휴식 모드로 들어간다는 신호일 수도 있다. 식물들은 같은 자리에 가만히 있는 것 같아도 계속 변해 간다. 동물에 비해 느릴 뿐이지 타임 랩스로 살펴보면 식물도 분명 아주 활발하게 움직이며 자기표현을 한다.

바쁜 일상 가운데 틈틈이 반려식물을 보살피고 그들이 살아가는 리듬에 관심을 기울이면 여러 가지 좋은 점이 있다. 첫째, 기다림의 미덕을 배운다. 그리운 대상을 꽃에 투영해 매년 정성껏 길러 한 번씩 꽃을 보는 일은 연례행사처럼 뜻깊은 기다림이다. 내가 신경을 쓰며 보살펴 주지 않으면 맛볼 수 없는 순간이라 더 소중하다. 신경을 쓴다는 것이 꼭 요란 법석을 떨어야 하는 것은 아니다. 그저 늘 한편으로 생각하고 있다가 적절한 때 꼭 필요한 만큼만 일을 해 주는 것이다. 진정으로 서로를 위해 주는 친구들이 그렇듯이 적당한 거리에서 믿고 기다려 주면 마침내 더 좋은 일이 생기게 된다.

둘째, 소소한 행복이다. 여러 반려식물을 키우다 보면 날마다 크고 작은 선물을 받는다. 특히 사계절 내내 꽃이 자주 피는 식물들은 볼 때마다 새로운 기쁨을 준다. 꽃을 보면 무의식중에 삶에 아주 긍정적이고 좋은 일이 생길 거라는 예감이 든다. 과학적으로 말하자면, 꽃을 보는 시상세포는 뇌의 후두엽과 연결되어 있어 행복 호르몬이라고 불리는 세로토닌 분비를 촉진시킨다. 즉 꽃을 자주 보면 그만큼 뇌와 마음이 행복해진다는 얘기다.

미국 펜실베이니아주 루트거스대학에서 진행한 흥미로운 연구가 있다. 식물의 꽃 색깔이 인간의 마음에 미치는 영향에 관한 연구다. 가령 빨간색은 사랑을 불러일으키고 면역계에 긍정적인 영향을 주어 수술 후 회복 중인 환자에게 좋다. 보라색은 신경을 안정시키고 창의력을 증진시킨다. 노란색은 행복감과 밝은 기운을 불러오고, 초록색은 마음을 고요하고 평온하게 한다. 분홍색은 기쁜 마음이 들게 하는데, 진분홍은 에너지를 좀더 불러오고 연분홍은 다정함을 느끼게 한다. 파란색은 불변, 믿음, 신뢰, 차분함을 상징해 가장 인기가 많다. 하얀색은 순수, 정직, 개방성을 나타낸다.

셋째, 마음이 편안해진다. 겨울철 회색빛 도시의 춥고 메마른 거리를 쏘다니다 온실처럼 따뜻한 실내로 들어섰을 때의 느낌을 좋아한다. 안경에 살짝 김이 서릴 만큼 촉촉하고 온화한 공기가 살갗에 닿고 폐부 깊숙이 스며들 땐 몸뿐만 아니라 마음까지 스르르 녹아내리는 기분이다. 거기에 초록색 잎들이 그득하다면 더할 나위 없다. 초록색 잎들은 실내에 떠다니는 미세한 독성 물질을 흡착하고 대신 깨끗한 산소와 수분을 내뿜는 천연 공기청정기다. 게다가 초록색은 보는 순간 스트레스 호르몬인 코르티솔을 낮추고 마음을 편안하게 하니 금상첨화다.

넷째, 일과 공부에 집중할 수 있게 도와준다. 때로는 해야 할 일들이 몰려 퇴근 후 집에서도 책상에 앉아 일할 때가 있다. 하루 종일 격무에 시달린 터라 저녁을 먹고 나면 집중력이 급격하게 떨어진다. 밤에는 커피도 부담스럽다. 이럴 때 도움을 줄 수 있는 허브 식물을 창가에 두고 키우면 좋다. 일에 집중이 잘 안 될 때 허브 잎을 살살 문질러 향을 맡거나 음료수와 칵테일에 넣어 마시면 도움이 된다. 별 거 아닌 것 같지만 막상 해 보면 신기하리만치 정신이 맑아지고 집중력이 높아진다.

다섯째, 부담 없는 친구가 되어 준다. 물을 거의 주지 않아도 햇빛만 충분하면 스스로 잘 자라는 식물들이 있다. 선인장과 다육 식물은 다양한 크기, 모양, 색깔로 보는 즐거움을 주지만 특별히 관리하지 않아도 되니 볼 때마다 믿음직하다. 여행과 출장이 잦아도 걱정할 게 없다. 어마어마한 크기로 자란 사구아로 선인장들이 가득했던 애리조나 사막 여행을 떠올리게 하는 이 식물들은 사람과의 관계에서도 적당한 거리를 두어야 좋다는 것을 일깨워 준다.

여섯째, 자존감을 높여 준다. 아파트처럼 식물이 생존하는데 매우 척박한 환경에서 식물을 잘 키워 내고 꽃이 피게 하면 그 자체로 대단한 자부심을 느낀다. 보기만 해도 좋은 꽃을, 내 손으로 직접 키웠다는 사실이 자랑스럽다. 친구들을 초대해 보여 주고 싶고, 새끼 식물들을 분양해서 키우는 법을 알려 주고 싶기도 하다.

새로운 식물을 알아 간다는 건 또 다른 우주를 발견하는 일이다. 진정으로 안다는 것은 단순히 이름만 외우고 한두 번 본 경험이 있다는 게 아니다. 그 식물이 무엇을 좋아하고 어떤 환경에서 자라는지, 어떻게 해야 꽃이 피고 자손을 퍼뜨리게 할 수 있는지 알아 가는 것이다. 그렇게 새 생명을 알아갈 때 자신과 다른 사람들에 대한 소중함 그리고 자존감까지 높아질 수 있다는 걸 깨닫는다.

일곱째, 오롯이 혼자만의 시간을 즐길 수 있다. 대학에 막 입학했을 때 친구의 소개로 알게 된 얼 클루의 기타 연주를 좋아했다. 그의 음악은 잔잔하면서도 알밥에 들어 있는 날치알이 터지듯 톡톡 튀는 맛이 있어 지루하지 않고 재미있었다. 지하철을 타고 집과 학교를 오가는 통학 시간에 빽빽하게 가득 차 있는 수많은 사람들 속에서도 편안한 감정을 느끼게 해 주었다. 가끔 혼자 있어도 외롭지 않고, 혼자 있는 게 가장 편안할 때가 있다. 자신만의 시간을 보낸다는 건 세상 속에 있는 자신을 다시 리셋해 부팅하는 과정이다. 바탕화면에 어지럽게 널려 있는 폴더와 아무렇게나 마구 열려 있는 프로그램 창을 모두 닫고, 다시 켜질 때를 준비하는 것이다.

그럴 때 도움이 되는 음악이 있다면 마찬가지로 식물도 있다. 나는 혼자 있고 싶은 공간에 얼 클루의 기타 연주처럼 '즐길 수 있는' 식물들을 가져다 놓는다. 평범한 녹색 잎을 가진 식물이 아니라 어떤 무늬가 있거나 잎이 길게 늘어져 있는 식물, 잎과 줄기의 모양이 다른 식물과는 달라 보는 것만으로도 재미를 느낄 수 있는 식물들이다. 나만의 공간에서 시선이 머무는 곳마다 이 친구들이 함께한다면 다시 부팅이 되지 않고 꺼져 있는 시간이 오래 지속되어도 괜찮다. 그저 온전히 나 자신만을 위한 시간이 필요할 때가 있으니까.

반려식물과 친해지는 법

반려식물에게는 저마다 일정한 주기가 있다. 한창 물과 양분을 흡수하며 쑥쑥 자랄 때가 있고, 꽃을 피우고 열매를 맺을 때가 있으며, 충분히 휴식을 취할 때가 있다. 그런데 이 리듬은 식물마다 다르다. 규칙적으로 양분을 먹어야 하는 식물이 있는가 하면 물을 많이 주는 것을 극도로 싫어하는 식물도 있다. 직사광선을 좋아하는 식물과 그렇지 않은 식물, 겨울을 따뜻하게 보내야 좋은 식물이 있는 반면 어느 정도 추위를 견뎌야 이듬해 꽃이 잘 피는 식물이 있다. 습기를 아주 좋아하는 식물, 사막처럼 건조한 환경에서 잘 자라는 식물도 있다. 이 식물들은 서로 완전히 다른 종이다. 아주 오랜 시간에 걸쳐 서식지 환경에 적응하고 진화하며 현재의 모습을 갖추었다.

반려식물과 친해지려면 먼저 식물의 정확한 이름을 알아야 한다. 예나 지금이나 꽃 시장에 가면 궁금한 식물들이 많다. 예쁘고 신기한 식물들이 많은데 이름도 불분명하고 어디서 왔는지 알 수가 없다. 향기가 좋은 식물들은 보통 무슨무슨 자스민이라고 부른다. 행운을 가져다준다는 행복나무, 돈을 많이 벌게 해 준다는 금전수, 난 꽃도 아닌데 무슨무슨 난이라 불리는 정체불명의 식물들이 참 많다.

한번은 나비수국이라는 꽃 모양이 나비처럼 생긴 신기한 식물을 구입한 적이 있다. 수국이라는 이름이 붙어 물을 좋아하고 수국처럼 헛꽃으로 피는 줄 알았다. 하지만 이 식물은 수국하고는 전혀 상관없는 꿀풀과에 속했고 원산지는 케냐, 우간다 같은 아프리카 열대 지방이었다. 게다가 수국과 달리 나비 더듬이 같은 기다란 꽃술이 달린 참꽃이 핀다.

원래 학명을 이상하게 변형시킨 식물 이름도 많다. 다양한 색깔과 모양의 품종이 있는 디모르포세카*Dimorpotheca*라는 식물은 이름이 너무 어려워서인지 그냥 간단히 데모루라고 불리며 유통된다. 봄부터 파란 꽃을 피우는 펠리시아*Felicia*는 난데없이 고대 국가 이름인 페르시아라고 불린다. 운간초, 설유화 등

실제 식물 정보와 동떨어진 한자어 이름도 부지기수다. 관리가 쉽고 품종이 다양해 선택의 폭이 넓어 인기가 많은 선인장과 다육 식물의 경우에는 더 심각하다.

진정한 반려식물 마니아라면 키우는 식물의 계보와 이름부터 정확히 알아야 한다. 가능한 한 이름은 속명과 종명으로 이루어진 라틴어 학명을 기반으로 한 정확한 품종명이어야 한다. 생물 분류학의 아버지 린네는 "사물의 이름을 모르면 그 사물을 모르는 것"이라고 했다. 만국 공통어인 식물 학명은 곧 그 식물에 대한 정확한 정보이며 이력이다. 그 이름 하나로 그 식물의 고향, 친척, 자라 온 환경을 알 수 있다.

물론 이 정보는 어렵게 느껴질 수 있다. 하지만 제대로 식물을 키우려면 꼭 알고 넘어가야 할 일이다. 많은 시간을 함께하는 가족 같은 존재인데 이름과 배경도 제대로 모른다면 말이 될까? 몇 년 전까지만 해도 식물의 정확한 이름을 찾으려면 수백 페이지가 넘는 식물도감을 끝없이 뒤적여야 했다. 하지만 요즘은 인터넷으로 쉽고 빠르게 정보를 찾을 수 있어 얼마나 다행인지 모른다. 일단 자신이 키우는 식물의 정확한 이름을 알아 두자. 따로 애칭이나 별명을 붙여 주는 것은 당신의 자유다.

2장

내가
편애한
식물들

오랜 친구가 그리운 사람에게

꼭 자주 만나지 않아도 마음속으로 이따금 떠올리며 일 년에 한 번쯤은 만남을 고대하는 지인들이 있다. 가끔 전화나 문자 메시지로 언제 한번 보자는 인사말을 주고받으며 안부를 묻다가 연말연시에 이르러서야 부랴부랴 약속을 잡곤 한다. 이런 만남은 해마다 때가 되면 첫눈을 기다리듯 설레고 기대된다.

아무리 바빠도 일 년에 한 번은 꽃을 피워야 직성이 풀리는 식물들이 있다. 지인들에게 가끔씩 안부를 묻듯, 이 식물들에게도 안부를 물어 줘야 한다. 식물들은 일 년 동안 각자 정해진 생활 스케줄이 있다. 제때 무엇이 필요한지 안부를 묻지 않으면 꽃을 만나기 어렵다.

이 식물들을 크게 두 부류로 나누면 여름잠이 필요한 종류와 겨울잠이 필요한 종류로 나눌 수 있다. 가령 봄에 꽃을 피우는 알뿌리 식물들은 가을에 심고 겨울 동안 추위를 겪게 해줘야 제대로 꽃이 핀다. 또 꽃이 진 다음에는 잎을 통해 양분을 만들어 뿌리에 저장할 수 있는 시간을 충분히 주고, 그다음 쉬게 해줘야 한다. 추위를 겪지 않으면 꽃을 피울 수 없다니 쉽게 이해가 가지 않지만 이 식물들의 생리가 그러하다.

겨울이 되어야만 꽃이 피는 식물들도 있다. 이들은 더운 여름부터 가을까지 건조한 상태에서 휴식 기간을 갖는다. 그러다가 늦가을 무렵 비가 내리면 다시 깨어나 겨울을 지내면서 꽃을 피운다. 이런 스케줄을 무시한 채 쉬어야 할 때 물을 과하게 주거나 반대로 물과 양분이 필요할 때 이를 놓치면 문제가 생긴다.

혹시 춥거나 건조한 환경이 식물들에게 가혹하지는 않을까 걱정하는 분들이 있을지도 모르겠다. 하지만 이런 환경을 만들어 줘야 식물들이 잠시 활동을 멈추고 휴식을 취할 수 있고, 아무도 모르게 꽃봉오리를 준비한다는 것을 기억해 두자. 예술가나 창작을 하는 이들이 작품 하나를 끝낸 후 한동안 휴식과 충전의 시간을 갖고 나서 다음 작품을 위한 산통을 다시 겪는 것처럼 꽃들도 그러하다. 누구나 꽃을 피우기 위해 반드시 감내해야 하는 시간이 있기 마련이다.

―――――

오랜 친구가 그리운 사람에게

생장 주기가 다른 다양한 지역 출신의 식물들을 곁에 두면 일상 속에 깜짝 놀랄 만한 기쁜 만남이 자주 찾아온다. 마치 오래 기다려 온 친구와의 만남처럼 반가운 꽃으로 큰 기쁨을 안겨 준다.

짧은 만남을 뒤로하고 다시 만나기를 기약하며 헤어질 때면 무척이나 아쉽지만, 어쩌면 그렇게 만날 수밖에 없어 이들과의 우정을 더 깊게 간직하게 된 것인지도 모르겠다. 자주 만나기 어렵기에 한번을 만나도 진하게 만나게 되고 또 그렇게 만나니 더 반갑다.

크리스마스의 선물, 아마릴리스

Hippeastrum spp.

오랜 친구가 그리운 사람에게

겨울은 바깥 정원에만 찾아오는 것이 아니다. 베란다와 실내에서 키우는 식물도 겨울을 맞이한다. 눈에 확 띄는 변화는 없지만 식물들은 은밀하고 차분하게 몸을 추스른다. 해가 짧아지고 기온이 낮아지면 일단 물 먹는 양을 점점 줄이고, 새잎을 잘 틔우지 않는다. 그러다가 시간이 정지한 듯 생장을 멈춘다. 겨울 동안 잠을 자기로 결정한 것이다.

그렇게 조용해진 식물들을 보고 있으면 조금은 외로워진다. 말은 없어도 가지 사이에서 슬그머니 새순을 내밀거나 언제 그렇게 물을 먹었는지 흙을 금세 마르게 하며 나름대로 분주했던 식물들이 서서히 활동을 줄이고 깊은 침묵의 시간으로 들어간다.

하지만 조용한 이때 꽃을 피우기 위해 바쁜 식물들이 있다. 아마릴리스가 그중 하나다. 아마릴리스 꽃은 크리스마스 선물처럼 찾아온다. 세밑을 전후로 일 년에 한 번 화사한 모습으로 반갑게 피어난다. 흙을 뚫고 굵직한 꽃봉오리가 스멀스멀 올라오면 벌써 마음이 설렌다. 하루하루가 다르게 자라나 마침내 한 잎 두 잎 커다란 꽃잎들이 반가운 얼굴을 드러낸다. 그동안 설레며 기다렸던 마음이 일순간에 해소된다.

이 반가운 친구는 한동안 활짝 웃으며 피어 있다. 연이어 다른 꽃줄기에서 피어난 꽃들도 합세해 사이 좋은 자매들처럼 자리를 차지한다. 바라보는 것만으로도 오랜만에 만난 친구와 한껏 재미있는 수다를 나누는 것처럼 정겹다.

아마릴리스의 원산지는 우리나라와 계절이 반대인 남반구 열대 기후 지역이다. 계절이 반대니 사는 모습도 거꾸로다. 여름엔 쉬고 겨울에 꽃을 피우고 생육한다. '아마릴리스'라는 이름에는 좀 복잡한 사연이 있다. 원래 아마릴리스는 라틴어 학명으로 남아프리카에 자생하는 벨라돈나 아마릴리스*Amaryllis belladonna*를 지칭하는 이름이었다. 그런데 언젠가부터 사람들이 실내에서 꽃 피는 식물로 특히 크리스마스 시즌에 각광받는 히페아스트럼*Hippeastrum* 품종들을 아마릴리스라고 부르기 시작했다.

히페아스트럼은 벨라돈나 아마릴리스와 사촌이지만 남아프리카가 아닌 남아메리카 출신이다. 특히 아르헨티나, 멕시코, 브라질, 카리브해 지역에 걸친 열대 및 아열대 지역에서 자란다. 19세기 무렵 히페아스트럼은 더 크고 화려한 원예 품종으로 개량되었다. 하지만 사람들은 히페아스트럼이라는 이름을 뇌두고 이 꽃들을 그냥 아마릴리스라고 부른다. 마치 우리가 원래 아카시아나무와는 완전히 다른 아까시나무를 그냥 편하게 아카시아나무라고 부르는 것과 비슷하다.

아무튼 아마릴리스(히페아스트럼)의 고향 땅 환경은 우리나라의 기후와 많이 다르다. 여름은 덥고 건조하며, 겨울은 온화하고 습하다. 그래서 이 지역에 사는 식물들은 강수량이 많은 겨울에 꽃을 피우고 여름엔 휴면에 들어간다. 겨울잠 대신 여름잠을 자는 것이다. 또한 덥고 건조한 여름에 말라 죽지 않고 휴면을 하려면 몸속에 물을 많이 저장해 두어야 한다. 이런 이유로 대부분 알뿌리 형태로 살아간다.

롱우드 대학원 시절 밥 교수는 연말이면 손수 준비한 아마릴리스 알뿌리를 사람들에게 선물한다. 상자 안에는 양파 크기와 비슷한 건강하고 깨끗한 알뿌리 하나, 토분 하나, 흙 한 봉지 그리고 직접 찍은 꽃 사진으로 장식한 손 글씨로 쓴 카드가 들어 있었다. 밥 교수는 이국땅에서 건너온 이 알뿌리 식물을 잘 키울 수 있도록 재배 방법을 자세하게 알려 주는 것을 잊지 않았다.

집 안에서 아마릴리스를 키울 때 고향 땅과 완벽하게 똑같은 환경을 만들어 주기는 어렵다. 그러나 원래 자라던 곳의 환경을 잘 이해한다면 그 식물에게 꼭 필요한 것을 어느 정도 맞춰 줄 수 있다. 마치 외국에서 온 친구에게 일자리를 소개해 주고 고국의 음식과 취미를 즐길 수 있도록 도와주는 것과 같다.

겨울 아무 때나 아마릴리스 알뿌리를 심은 화분을 실내 온도가 20~25도 정도 유지되는 곳에 두고 물을 주면 약 6주 후에 꽃을 볼 수 있다. 가령 12월 초에 심으면 1월 말쯤 꽃이 핀다. 커다란 꽃들이 많이 개화하면 그 무게 때문에 화분이 쓰러질 수 있다. 그래서 화분은 무게감이 있는 토분류가 좋다. 아마릴리스를 심을 때 밭에 있는 흙이나 재활용한 흙을 사용하면 물이 잘 빠지지 않거나 잠복하고 있던 병해충이 해를 입힐 수 있다. 밥 교수가 배수가 잘 되는 깨끗한 원예 상토를 선물 상자에 넣어 둔 것도 바로 이 때문이다.

아마릴리스를 심는 방법은 먼저 화분에 흙을 반 정도 채우고, 꽃줄기가 있었던 자리가 위쪽을 향하도록 알뿌리를 놓는다. 그러고 나서 흙을 채워주는데 알뿌리 윗부분이 삼분의 일 정도 노출되도록 한다. 주변 흙을 살짝 다져 주면 더 좋다. 마지막으로 가볍게 물을 주고 싹이 트기를 기다린다. 싹이 2~3센티미터가량 올라오면 관수량을 늘리면서 주기적으로 물을 준다.

아마릴리스는 일단 싹이 트고 나면 비 온 뒤 죽순이 올라오듯 쑥쑥 자라난다. 이 모습을 보면 내 안에서도 무언가 새로운 싹이 자라나는 것 같다. 얼마 후에 꽃을 피울 것을 알기에 기분 좋은 기다림이다. 아마릴리스 꽃들과의 반가운 만남은 2~3주간 지속된다. 직사광선을 피하고 실내 온도를 높지 않게 하면 좀더 오랫동안 꽃을 볼 수 있다.

———

오랜 친구가 그리운 사람에게

서서히 아마릴리스 꽃이 지기 시작하면 이제 곧 이별해야 한다는 생각에 아쉬움이 든다. 하지만 너무 아쉬워하지 않아도 된다. 다음 만남을 기약하는 방법이 있으니까. 먼저 꽃이 지면 꽃줄기를 2~3센티미터만 남겨 놓고 잘라 준다. 그다음 잎만 남아 있는 상태에서 주기적으로 물을 주면서 관리한다. 가끔 물에 비료를 타서 준다. 이렇게 하면 아마릴리스는 알뿌리에 양분을 한가득 저장하여 이듬해에 다시 꽃피울 준비를 하고 여름잠에 들어간다.

여름잠에 들어가기 전 8월 중순부터는 물을 거의 주지 않으면서 잎이 자연스럽게 말라가도록 놔둔다. 그러면 곧 화분이 완전히 마르게 되는데, 이때 마른 잎을 깨끗하게 잘라 정리해 준다. 그러고 나서 서늘하고 통풍이 잘되는 곳에서 최소한 8주 이상 여름잠을 재운다. 다시 꽃을 피우려면 꽃이 피기 원하는 때로부터 6~8주 전에 따뜻한 곳에서 물을 주면서 살며시 잠을 깨우면 된다.

아마릴리스는 먼 이국땅에서 온 친구지만 잘 보살펴 주면 매년 꽃을 피운다. 꽃의 색깔과 무늬가 다양해 새로운 친구들을 계속 늘려가는 것도 큰 재미다. 오랜만에 만나는 친구처럼 아마릴리스도 다시 만날 날을 달력에 표시해 두고 기다릴 만한 멋진 친구다.

오랜 벗으로 삼을 만한, 군자란

Clivia miniata

오랜 친구가 그리운 사람에게

계절마다 기다리는 꽃이 있지만 군자란은 유난히 마음을 설레게 한다. 해마다 거르지 않고 보아 왔지만 처음 만나는 것처럼 기다려지는 꽃이다. 깊은 숲처럼 짙푸른 잎들 사이에서 그렇게 예쁜 꽃이 어디에 숨어 있다가 나타나는 것인지 신비로울 뿐이다.

군자란은 반려식물 중에서 오랜 친구로 삼을 만한 좋은 벗이다. 가끔 어떤 식물은 이름이 너무 억지스럽고 아무 말이나 갖다 붙여 놓은 것 같다. 하지만 군자란은 그렇지 않다. 군자란을 키우다 보면 이 식물이 '성품이 어질고 덕과 학식이 높은 사람'을 뜻하는 '군자君子'와 잘 어울린다는 것을 알게 된다.

군자란은 이름 끝에 '란'자가 붙었지만 난 종류는 아니다. 수선화과에 속하며 고향도 남아프리카다. 스위스와 헷갈린다는 이유로 얼마 전 에스와티니라는 이름으로 국명을 바꾼 스와질랜드, 강력한 아프리카 부족의 땅으로 줄루 왕국이라고 불리는 콰줄루나탈 그리고 남아프리카 최고의 절경과 생물 다양성을 지닌 넬슨 만델라의 고향 이스턴케이프의 숲속이 군자란의 자생지다. 이 지역은 남아프리카 대륙의 남동쪽 끝부분이다. 군자란은 이곳 해안가 모래언덕 위 숲에서부터 좀더 높은 지대의 협곡까지 군락을 이룬다. 아가판서스, 아마릴리스, 아프리카문주란 등이 같은 고향 친구들이고, 실내 식물로 인기가 많은 극락조화도 이 지역 출신이다. 이곳은 연중 습도가 높고 바람이 많이 분다. 또 여름 평균 온도가 20도 정도이고 겨울에도 5도 이하로 온도가 떨어지지 않는다.

평생 한 번 가볼까 말까 한 머나먼 이국땅에서 자라던 식물이 우리 집 베란다에서 살고 있는 걸 보면 신기하면서도 한편으로는 안쓰러운 마음이 든다. 군자란은 누군가에 의해 맨 처음 우리나라에 첫발을 들인 이후 세대에서 세대를 통해 전해졌다. 긴 세월에 걸쳐 조금씩 불어난 식구들은 이웃에서 이웃으로 이 꽃을 사랑하는 사람들의 손을 통해 널리 퍼져 나갔다.

강건하면서도 우아하게 펼쳐지는 군자란의 잎은 낯선 환경에서도 결코 약한 모습을 보이지 않겠다는 의지를 보여 주는 듯하다. 하지만 고향 땅과는 완전히 다른 환경에서 왜 힘든 일이 없을까. 군자란을 주변에서 흔히 볼 수 있는 식물 가운데 하나가 아니라, 먼 타국에서 바다를 건너 우리 집으로 긴 여행을 떠나온 친구라고 여긴다면 더 세심한 도움을 줄 수 있다.

보통 군자란은 화분에서 키우는 경우가 많다. 그렇지만 가능한 한 남아프리카 자생지와 비슷한 환경을 만들어 주는 것이 좋다. 먼저 직사광선이 들지 않는 반그늘에 위치를 잡는다. 한 가지 주의할 점은 너무 어두운 그늘에서는 꽃이 잘 피지 않는다. 흙은 부엽토가 많이 섞인 배수가 잘되는 용토를 사용하는 것이 좋다. 진흙처럼 점토가 많이 섞인 흙은 물이 잘 빠지지 않는데 특히 겨울철에 뿌리가 쉽게 썩는다. 군자란의 꽃을 보려면 10월부터는 물을 주는 양을 줄이고 겨울에는 5~15도 사이 온도로 살짝 춥게 관리해야 한다. 봄에 꽃대가 올라와 어느 정도 자라게 되면 그때부터는 물을 충분히 주고 약간 따뜻한 곳으로 옮겨 준다. 집 안에서는 아파트 베란다 같은 환경이 이런 조건을 가장 자연스럽게 맞춰 줄 수 있다.

가톨릭평화방송 라디오에 게스트로 출연한 적이 있다. 대화 도중 진행자가 대본에 없는 질문을 불쑥 던졌다. 진행자의 어머니께서 수년간 군자란을 키우고 계시는데 한 번도 분갈이를 하지 않았다고 한다. 그런데 매년 아주 풍성하게 꽃이 피는 까닭이 무엇인지 궁금하다는 것이었다. 생방송이라 조금 당황했지만 정확하게 상황을 파악하기 위해 진행자에게 몇 가지 간단한 질문을 했다. 그 결과 어느 정도 그 이유를 알아낼 수 있었다.

먼저 계절에 따라 변화하는 그 집 베란다 온도는 군자란이 자라기 아주 좋은 환경이었다. 동쪽을 향한 베란다는 한낮의 직사광선을 피하고 적당히 밝은 빛을 제공하는 데 이상적이었다. 애초부터 넉넉한 크기의 화분에 군자란을 심어 수년째 분갈이를 하지 않은 것도 잘한 일이었다. 군자란은 자주 옮겨지는 것을 싫어하는 예민한 식물이기 때문이다. 오히려 뿌리가 뒤엉키고 화분에 꽉 찬 느낌이 들어야 꽃이 잘 핀다. 여름에는 물을 주기적으로 주고 완효성 비료를 조금 주는 것만으로 족하다. 겨울에는 추운 베란다에서 방치하듯이 물을 잘 주지 않고 약간 게으르게 관리한 것이 오히려 군자란이 행복하게 사는 데 도움이 되었다.

식물을 잘 키우시는 분들은 신기할 만큼 본능적으로 식물들이 가장 좋아하는 것을 알아서 해 준다. 정확한 레시피 없이도 감각과 손맛으로 훌륭한 요리를 만들어 내는 것과 비슷하다고 할까. 언뜻 보기에는 아무것도 아닌 일 같아도 다년간 관찰과 시행착오를 통해 나름대로 감각과 해법을 익혔을 것이다.

군자란을 번식하는 방법은 씨앗을 파종하는 법과 포기를 나눠 주는 법이 있다. 씨앗은 발아하기 적당한 상태로 여무는 데 일 년 가까이 걸린다. 잘 익은 씨앗은 과육을 제거하고 물로 깨끗하게 씻은 후 파종한다. 싹이 트는 데만 한 달 이상 걸리므로 중간에 이끼가 끼지 않도록 주의해야 한다. 씨앗으로 키운 군자란은 웬만한 크기로 자라기까지 이 년 이상의 시간이 필요하다. 또 원래 군자란과 다른 색깔의 꽃을 피울 수도 있다. 그래서 군자란은 보통 크게 자란 개체의 포기를 나누어 번식한다. 이렇게 하면 원래 있던 군자란과 똑같은 색의 꽃을 볼 수 있다.

참을성이 있고 우직하며 쉽게 자리를 바꾸지 않는 군자란은 베란다 귀퉁이에서 듬직한 모습으로 살고 있다. 그러다가 일 년에 한 번은 놀라운 꽃을 선사하며 환하게 인사를 건넨다. 꽃을 피우지 않을 때도 푸르고 건강한 잎으로 위안을 준다. 군자란의 짙푸른 잎은 공간 속에서 알게 모르게 존재감을 드러낸다. 자주 연락하거나 만나지 않아도 자연스럽게 이름이 떠오르고 안부를 묻게 되는 친구 같다. 특별히 의식하는 것은 아니지만 군자란은 다른 사물들과 식물들 틈에서 문득문득 내게 소중한 무언가에 대한 기다림과 그리움을 일깨우는 식물이다.

그리움을 달래 주는 친구, 동백나무

Camellia japonica

제주도로 이사를 하고 처음 맞이한 겨울은 예상했던 것보다 더 춥고 외로웠다. 아름다운 계절에 여행을 할 때는 모든 것이 좋아 보이고 설렜지만 그 무렵에는 앞으로 살아갈 날들에 대한 고민이 깊어지기 시작했다. 새로이 살림을 꾸린 집은 해녀들이 많이 살고 있는 조용한 바닷가 마을이었다. 마당에 서서 뒤돌아보면 한라산이 보이고 앞으로는 푸른 제주 바다가 펼쳐진 꿈에 그리던 집이었다.

제주를 떠올리면 으레 따뜻함이 먼저 떠올랐다. 그건 나만의 착각이었을까. 기나긴 세월 비바람을 견디며 쇠한 옛집에서 맞는 첫 번째 겨울은 시작부터 피부로 느낄 만큼 서늘했다. 유난히 우풍이 심했던 그 집은 저녁에 바깥 온도가 떨어지면 방 안까지 찬 기운이 맴돌았다. 그렇다고 보일러를 세게 틀면 바로 비싼 기름값으로 이어졌다. 초겨울은 그럭저럭 견딜 만했지만 한겨울에는 살림살이에 큰 고민거리였다. 도시의 아파트 생활에 익숙한 사람에게는 몸에 편안한 적정 실내 온도가 당연한 혜택일지도 모른다. 그런데 시골에서의 삶은 달랐다.

살갗으로 느끼는 온도와 함께 마음의 온도도 급격히 떨어졌다. 만나고 싶은 사람들과 바다를 사이에 두고 떨어져 있는 것은 물리적 거리보다 심리적 거리감을 더 멀게 느끼게 했다. 특히 겨울은 아무 이유 없이 그리움이 더욱 커졌다.

하지만 애초에 자연주의 삶을 살면서 식물에 대해 깊게 공부하고, 가드너 일을 경험하고자 결행한 것이라 후회하지 않았다. 또 종종 보고 싶은 지인들이 제주 여행을 핑계로 심심치 않게 우리 집을 방문했다. 오히려 나중에는 자주 손님을 치르느라 분주하기까지 했다.

우리보다 먼저 그 집에 살았던 사람이 집 주변에 심어 놓은 나무 중 동백나무가 몇 그루 있었다. 그 동네는 제주치고는 제법 자주 눈이 내렸는데, 소복이 쌓인 눈밭 위로 빨갛게 핀 동백나무 꽃송이들이 툭툭 떨어지면 가슴마저 짠한 아름다운 풍경이 연출되었다. 꽃잎 사이사이로 길게 자란 노란 꽃술은 새하얀 눈 위의 꽃들을 더 붉게 만들었다.

겨울 동백나무는 그리움을 달래 주는 친구다. 갑자기 내리는 첫눈을 보면서 느끼는 놀라움과 반가움처럼 동백나무 꽃도 예기치 않게 발견하게 되어 깜짝 놀라기 십상이다. 약속 없이 불쑥 찾아온 친구처럼 말이다. 만약 반갑지 않은 손님이라면 당황스럽고 난감하겠지만 동백나무 꽃은 정반대다. 자신도 모르는 사이에 탄성을 낼 정도로 반갑다.

짙은 녹색의 잎들 사이에서 반년 넘게 꽃봉오리를 정성스럽게 키워 온 동백나무는 고이 간직한 짝사랑을 더는 참지 못해 고백하듯이 수줍게 꽃을 터뜨린다. 곱게 피어 있는 꽃을 보면 평소 특별히 애정을 쏟지 않았던 게 미안할 정도다. 무성한 잎들과 함께 늘 그 자리에 있어서 더 무심했는지도 모르겠다.

비록 그리운 친구들은 제때 만나지 못해도 동백나무 꽃은 정해진 시기가 되면 어김없이 피어난다. 내 마음을 어루만지기라도 하려는 것처럼 기특하게 피어난다. 그 꽃을 보며 그리운 사람들을 떠올릴 수 있으니 참 고맙다.

영국 여왕 엘리자베스 2세의 어머니 퀸 마더의 동백나무 사랑은 매우 유명하다. 퀸 마더의 장례식 때 관 위에는 그녀가 정원에서 키웠던 많은 꽃들 중에서 가장 아끼던 동백나무 꽃이 놓였다. 이승에 대한 아쉬운 마음을 동백나무 꽃과 함께 간직하고 떠난 것이다.

제주 생활을 정리하고 다시 육지에 살고 있는 지금, 여전히 나는 동백나무를 곁에 두고 있다. 동백나무는 아파트 베란다 같은 실내에서 키우기 어렵지 않다. 오히려 겨울에는 어느 정도 춥게 관리해 줘야 꽃이 잘 핀다. 원래 동백나무가 살던 곳은 우리나라를 비롯한 아시아 지역, 그중에서도 제주도처럼 온화하면서도 습한 기후를 가진 땅이다. 동백나무는 주로 햇살이 어룽거리는 숲 가장자리에서 잘 자란다. 이런 곳의 토양은 나뭇잎들이 오랫동안 켜켜이 쌓이며 부숙되어 약간 산성을 띠고 부드러우며 유기질이 풍부하다.

남부 지방처럼 겨울 추위가 심하지 않은 곳에서 동백나무를 마당에 심을 때는 직사광선을 받지 않는 밝은 그늘이 좋다. 특히 겨울에는 밤 동안 추위에 잎이 꽁꽁 얼었다가 갑자기 햇빛을 받으면 세포들이 파괴될 수 있으므로 동쪽보다는 서쪽에 심는 것이 좋다. 자생지와 마찬가지로 배수가 잘되는 유기질이 풍부한 토양에 심어 주고, 솔잎이나 바크로 뿌리 윗부분을 덮어 주면 동백나무가 가장 좋아하는 약산성의 토양을 유지하는 데 좋다. 가지치기는 모양을 잡아 주거나 죽은 가지를 제거하기 위한 목적 외에는 별도로 필요하지 않다.

동백나무는 갑작스러운 변화를 싫어한다. 처음에 놓인 위치, 온도와 습도, 빛과 공기의 흐름이 바뀌면 스트레스를 받는다. 심하면 꽃봉오리를 모두 떨어뜨리니 주의를 기울여야 한다. 자연 상태에서는 바닷가 근처의 해발 고도가 높은 숲에서 잘 자라는데, 이런 환경은 변화가 급작스럽지 않고 온도와 습도가 일정하게 유지된다.

그리운 사람들과의 관계도 동백나무처럼 보살펴 주면 좋다. 가끔씩 은은한 향기로 찾아오는 좋은 느낌들은 서로 적당한 거리에서 알맞은 관심과 사랑으로 바라봐 주는 데서 비롯된다. 상대방의 마음을 헤아리지 않고 무조건 가까이 다가가려고 하면 오히려 부담이 된다.

우리나라에서 주로 키우는 동백나무는 크게 두 종류가 있다. 그냥 동백나무와 애기동백나무다. 동백나무는 늦겨울과 초봄에 걸쳐 꽃이 핀다. 줄기는 직립성으로 단단하고 잎과 꽃이 크고 애기동백보다 건조함과 그늘에 강하다. 반면에 애기동백나무는 초겨울부터 꽃이 핀다. 잎이 동백나무보다 약간 작은 편이고 밝은 곳에서 잘 자란다. 줄기가 부드러워 산울타리로 자라게 하거나 벽면에 붙여 키우며 모양을 만들기 좋다.

겨울과 봄 사이, 꽃 시장에 가면 여러 종류의 동백나무 꽃을 만날 수 있다. 홑꽃, 겹꽃, 작약 혹은 장미를 닮은 꽃, 빨간색 꽃, 흰색 꽃, 분홍색 꽃, 줄무늬 꽃 등 모양도 색도 각양각색이다. 예쁘게 자리 잡은 꽃봉오리들을 가득 품은 동백나무 화분을 집 안에 들이면 색깔을 드러내며 하루가 다르게 피어나는 꽃들을 온전히 감상할 수 있다. 별로 해준 게 없는데 그렇게 많은 꽃들을 피워 내는 동백나무를 보면 나에게 너무 과분한 선물 같다는 생각이 든다. 그래서 오히려 마음을 차분하게 가라앉히고 바라보게 된다. 동백나무 꽃은 진달래처럼 수수하지도 장미처럼 화려하지도 않다. 곱고 단아하면서 범상치 않은 특유의 자태와 고운 빛깔을 간직하고 있다.

동백꽃을 보고 있으면 말 못할 사연을 가지고 고향으로 돌아온 오랜 친구와 마주하는 것처럼 애틋한 감정이 차오른다. 또 내 보살핌 때문이 아니라 스스로 나를 찾아온 것 같아 고맙고 기특하다. 그 꽃을 보면서 겨울나무라는 뜻의 '동백'이라는 이름을 나지막이 되새겨 본다. 잠시 잊고 있었던 소중한 사람들이 내 마음속에서 빨갛게 피어난다.

겨울이면 찾아오는 친구, 크리스마스선인장

Schlumbergera × *buckleyi*

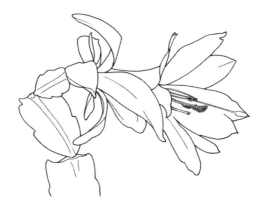

오랜 친구가 그리운 사람에게

크리스마스선인장 꽃은 기대하지 않았던 선물을 받는 것처럼 어느 날 갑자기 찾아온다. 죽은 듯 고요하게 잠들어 있다가 겨울이 되면 다시 살아나는 신기한 꽃이다. 수십 년을 곁에 두고 키울 수 있어 부모가 자식에게, 자식이 또 그의 자녀에게 물려줄 수 있는 훌륭한 반려식물이다. 일 년 중 가장 들뜨고 행복한 크리스마스 시즌에 함께하는 크리스마스선인장 꽃은 어린 시절 벽장 속에서 사탕을 꺼내 주시던 할머니의 마음을 닮았다. 누군가 늘 그리워하는 대상이 있다면 해마다 크리스마스선인장 꽃과 함께 그 마음을 되새겨 볼 일이다.

처음에 이 식물을 만났을 때 이름에 선인장이라는 말이 붙어 있어 사막처럼 건조한 곳에서 살 것이라고 예상했다. 그런데 선인장의 한 종류는 맞지만 신기하게도 크리스마스선인장의 고향은 덥고 습한 열대림이다. 좀더 자세히 말하자면 구세주 그리스도상으로 유명한 도시 리우데자네이루가 있는 브라질 남동부 대서양 연안에 위치한 높은 산의 나무줄기 사이나 바위틈에 붙어 자란다. 이곳은 해발 700~1000미터로 따뜻하고 습한 공기가 찬 공기를 만나면서 비를 많이 뿌리는 곳이다.

자라는 곳이 이런 환경이다 보니 우리가 흔히 보는 선인장과 다른 점이 많다. 크리스마스선인장의 뿌리가 붙어 있는 부분은 나무나 돌의 작은 틈바구니인데, 그곳에 쌓인 낙엽과 부스러기들이 자연스럽게 부엽토가 되어 뿌리를 지탱한다. 매달려 자라는 특성 탓에 줄기는 위로 꼿꼿하게 자라지 않고 사방으로 늘어진다. 억센 가시가 돋아 있는 보통 선인장들의 줄기와 다르게 연하고 납작한 줄기가 잘록한 마디마디로 연결되어 있다. 이런 식으로 다른 나무나 바위틈에 붙어 자라는 식물 중에는 파인애플과에 속하는 브로멜리아드*Bromeliad*나 난꽃 종류가 많다. 크리스마스선인장이 선인장이라는 확실한 증거는 줄기 끝에 있는 가시자리다. 그 부분에서 줄기가 나오고 꽃이 피어난다.

단골 꽃집에서 때마침 흐드러지게 꽃을 피우고 있는 크리스마스선인장을 발견하고 무엇에 홀린 듯 바로 구입한 적이 있다. 크리스마스선인장은 보통 시중에 많이 유통되는 게발선인장과 유사하지만 분명히 다르다. 줄기 가장자리에 난 돌기는 둥그스름하고 꽃술은 보랏빛을 띠어 세련된 느낌이다. 결정적으로 꽃이 피는 시기가 다르다. 미국에서 게발선인장은 늦가을 추수감사절*Thanksgiving Day* 무렵에 꽃이 피어 땡스기빙선인장이라고 불린다. 반면 크리스마스선인장은 그보다 늦은 크리스마스 무렵에 꽃이 피어 크리스마스선인장이라고 불린다.

롱우드가든은 크리스마스 시즌이 되면 유리온실 천정에 거대한 걸이화분으로 크리스마스선인장을 전시하곤 했다. 그때 그 크리스마스선인장의 선홍빛 꽃들이 아직도 눈에 밟혀서일까. 겨울이 되면 꼭 집 안에 두고 봐야 하는 꽃이 되었다.

크리스마스선인장을 잘 키우려면 이 식물만의 고유한 연간 스케줄을 잘 맞춰 줘야 한다. 일할 땐 확실히 일하고 쉴 땐 제대로 쉬게 해 주는 게 중요하다. 무엇보다 꽃은 온도와 빛 조건이 잘 맞아야 개화한다. 아침저녁으로 점점 쌀쌀해지는 가을, 야간 온도가 10~15도 정도 되는 베란다 혹은 바깥에 크리스마스선인장을 내놓으면 한 달에서 한 달 보름 후 꽃눈이 생기기 시작한다. 야간 온도가 10도 이하로 떨어지기 전에 다시 안으로 들여놓고 실온에서 관리한다.

온도 조건을 맞춰 주기 어렵다면 빛을 조절해 꽃을 피우는 방법도 있다. 마찬가지로 해가 점점 짧아지는 가을 무렵, 한 달 남짓 되는 기간 동안 저녁부터 아침까지 13시간 정도 완전히 빛을 차단해 주면 된다. 크리스마스 무렵 한차례 꽃이 피는데 운이 좋으면 2~3월에도 한 번 더 꽃을 볼 수 있다.

꽃이 모두 지고 나면 이제 충분한 휴식을 취할 때다. 가능한 한 시원하고 밝은 곳으로 화분을 옮겨 주고, 물은 줄기가 시들지 않을 정도로만 적게 준다. 그러다가 4월초부터 다시 물 주는 양을 늘리고 거름도 한 달에 두어 번씩 준다. 이때 새로운 줄기가 될 싹이 많이 올라온다.

칠팔월은 두 번째 휴식 시간이다. 물을 주는 양을 줄이고 뜨거운 햇빛으로부터 보호한다. 9월부터 새싹이 다시 올라오기 시작하면 물을 주는 횟수를 늘린다. 브라질 열대 우림의 기후와 비슷하게 우기와 건기를 만들어 주면서 키운다고 생각하면 이해하기 쉽다. 토양은 부엽토가 많이 섞인 배수 잘 되는 용토가 적합하다. 크리스마스선인장은 뿌리가 화분에 약간 꽉 낀 듯한 것을 좋아한다. 그래서 분갈이를 2~3년에 한 번씩만 하면 된다.

그리움이라는 단어는 기다림과 잘 어울린다. 한 해 두 해 살아갈수록 아무리 기다려도 오지 않을 사람 또는 아무리 그리워해도 다시 경험할 수 없는 시간들이 늘어만 간다. 내게 상처를 남긴 사람이나 시간이 아닌, 오롯이 추억하는 것만으로도 기쁨이 되는 존재를 그리워하는 일은 오랜 세월 동안 전해 내려온 씨간장을 조금씩 꺼내어 음미하듯 마음에 큰 위안이 될수 있다. 크리스마스선인장 꽃이 필 무렵 내게 떠오르는 추억만큼, 이 꽃을 함께 보며 시간을 보낸 사람들에게도 어떤 소중한 기다림과 그리움이 쌓여 갔으면 좋겠다. 기다림과 그리움은 언제나 새롭게 만들어지는 현재 진행형이다.

2

소소한 행복을 즐기고픈 사람에게

아내로부터 특별한 미션 의뢰를 받은 적이 있다. 거실 협탁 위에 놓여 있는 화병에 신선한 꽃이 늘 끊이지 않으면 좋겠다는 것이었다. 요리사 남편에게 집에서도 맛있는 요리를 해 달라고 하는 것과 비슷한 느낌일까. 혹은 개그맨 남편에게 매일 웃겨 달라는 것도 이와 비슷할 것이다. 가드너로서 늘 꽃을 다루고 있었지만 집 안에 꽃이 끊이지 않게 하는 미션은 또 다른 도전이었다.

대규모 농장에서 꽃을 들여와 정원에 심는 것과 꽃꽂이를 하는 일은 언뜻 비슷해 보이지만 확실히 다른 종류의 일이다. 동네 꽃집에 들러 이런저런 꽃을 골라 보았다. 아무리 좋은 꽃도 2주를 넘기기 어렵다. 한 달에 두세 번꼴로 꽃집을 방문하다 보니 꽃집 주인과도 금세 친해졌다. 집 안을 꾸미기 위해 자주 꽃을 사는 사람이 몇이나 될까? 분명한 것은 아내를 위해 그 미션을 수행했지만 가족 모두가 행복해했다. 내게 가장 소중한 가족들을 위해 꽃을 준비하는 것은 요리를 하거나 웃음을 주는 일 못지않게 좋은 일이었다. 백합을 꽃병에 꽂아 놓은 2주 동안은 퇴근하고 현관문을 열 때마다 풍겨 오는 진한 꽃향기에 미소를 짓곤 했다. 장미는 기본이고 화사한 안개꽃, 핑크빛 리시안서스, 보라색 스타티스가 테이블 위에 놓여 있으니 볼 때마다 기분이 좋았다.

델라웨어대학교 롱우드 대학원 시절에도 비슷한 미션을 수행한 적이 있다. 학생들이 당번을 정해 매일 아침 캠퍼스 정원에 핀 꽃들을 골라 학교 레스토랑 테이블마다 놓여 있는 화병에 담아 주는 일이었다. 사계절 내내 다양한 꽃들이 피고 지도록 조성한 정원이라 항상 화병에 꽂을 만한 새로운 꽃들을 찾을 수 있었다. 꽃뿐 아니라 여러 가지 질감의 잎, 열매가 달려 있는 줄기도 훌륭한 꽃꽂이 소재였다. 각자의 창의적인 감각에 따라 그날그날 가장 신선한 꽃과 식물 재료를 수집해 레스토랑을 꾸몄다. 그 일은 우리에게 좋은 경험이었고 레스토랑의 직원들과 손님들에게도 인기가 높았다.

이렇게 집 안 혹은 실내를 꽃으로 장식하기 위해 일찍이 유럽에서는 커팅 가든이 발달했다. 커팅 가든은 채마밭과 함께 꽃꽂이용 꽃을 기르는 정원이다. 날마다 정원을 살펴보고 그 날 가장 예쁜 꽃 몇 줄기를 골라 화병에 담아 놓으면 그 색깔과 향기가 집 안 분위기를 화사하게 해 준다.

왜 꽃을 보면 행복감이 높아질까? 꽃은 도파민, 옥시토신, 세로토닌 같은 행복 호르몬의 작용과 관련이 높다. 특히 다양한 색깔의 꽃들은 풍요로운 먹을거리와 연관되어 행복 호르몬을 더 많이 만들어 낸다. 먼 옛날 인간의 조상들은 춥고 배고픈 겨울을 견디고 난 후에 활짝 핀 꽃을 보았을 때, 이제 따뜻하고 풍요로운 계절이 왔다는 것을 직감했다. 즉 꽃이 핀다는 것은 곧 좋은 일이 생길 것이라는 기대감으로 우리 뇌에 각인된 것이다.

집 안에 꽃이 끊이지 않도록 계속 꽃ꂏ이용 꽃을 구입하려면 그 비용이 만만치 않다. 그렇다고 해서 바깥에 사계절 내내 꽃이 피고 지는 커팅 가든을 가꾸기도 쉽지 않다. 다행히 우리에겐 실내 화분에서 자라며 계속 꽃을 피워 주는 고마운 식물들이 있다. 꽃집에서 꽃ꂏ이용으로 판매하는 절화들만큼 화려하지 않지만 집 안 한쪽을 밝히며 마음을 달래 주기에 충분하다.

화무십일홍花無十日紅이라는 말처럼 대개 식물들은 일 년 중 꽃 피는 시기가 따로 정해져 있고 그 기간도 그리 길지 않다.

그런데 실내에서 오랫동안 꽃을 피우는 식물들은 어떻게 그런 능력을 지니고 있는 걸까? 이 부분을 이해하려면 식물이 왜 꽃을 피우는지 알아야 한다.

안타깝지만 식물은 인간을 위해서 꽃을 피우는 것이 아니다. 보통 식물이 꽃을 피우는 이유는 벌과 나비 같은 곤충 혹은 새를 유혹하거나 바람의 도움을 받아 꽃가루받이를 하여 씨앗을 만들고 자손을 번성시키기 위해서다.

온대 기후에 자생하는 식물들은 꽃가루 매개자들이 왕성하게 활동하는 봄부터 가을 사이에 집중적으로 꽃을 피운다. 특히 자신의 꽃에 최적화된 곤충들이 주로 활동하는 시기에 맞추어 꽃을 피운다. 건기와 우기가 명확히 구분되는 기후대에 사는 식물도 꽃이 피는 시기가 정해져 있다. 가령 지중해성 기후에서 사는 곤충과 동물들은 보통 건기가 끝나고 우기로 접어드는 시기에 왕성하게 활동하는데 바로 이 시기에 꽃이 많이 핀다.

반면 열대 우림처럼 계절 변화가 뚜렷하게 없는 지역은 개화기가 따로 없고 조건만 맞으면 연중 꽃이 핀다. 대개 이런 지역은 일 년 내내 따뜻하고 강수량이 풍부하다. 또 식물의 종류만큼 곤충과 동물이 다양해서 열대 우림은 언제나 온갖 꽃과 열매로 풍성하다. 다만 달마다 내리는 비의 양이 다르기 때문에 식물 종류에 따라 꽃이 피고 지는 시기가 계속해서 변화한다.

집 안에서 키우는 반려식물의 꽃과 더 자주 만나려면 이 식물들이 원래 살던 환경과 비슷하게 만들어 주어 꽃이 잘 피는 조건을 충족시켜 주면 된다. 식물이 계속 꽃을 피우려면 그만큼 수분과 양분이 필요한데 이를 지속적으로 보충해 줘야 한다. 또 한 가지 중요한 일은 진 꽃들을 계속 따 주는 것이다. 지어 버린 꽃을 그대로 놔두면 씨앗이 맺히는데 그러면 꽃을 피우는 것보다 씨앗을 만드는 데 에너지를 소진하게 된다.

장미를 닮은, 엘라티오르 베고니아

Begonia × hiemalis

초록 잎이 풍성한 실내 식물들이 아무리 좋아도 공간에 살아 있는 색깔을 더해 주는 꽃이 빠지면 조금 심심하다. 꽃은 분명히 자신의 종족 번식을 도와주는 꽃가루 매개자들에게 잘 보이기 위해 진화한 결과다. 그런데 사람도 꽃을 보면 본능적으로 여러 가지 좋은 감정을 느낀다. 앞에서도 말했지만 꽃이 피었다는 건 기나긴 기다림과 배고픈 계절이 끝나고 풍요로운 계절이 찾아왔음을 알려 주는 신호다.

또 알록달록한 다양한 색깔의 꽃들은 원초적으로 느낄 수 있는 이런 긍정의 감정뿐만 아니라 우리의 뇌로부터 무의식중에 사랑, 믿음, 창조, 열정, 희망, 평온 등 다양한 감정들을 이끌어 낸다. 그래서 누군가에게 꽃을 선물하는 일은 말로 표현하기 어려운 어떤 마음과 느낌을 전하는 고귀한 행위다.

소소한 행복을 즐기고픈 사람에게

엘라티오르 베고니아는 실내에서 키우는 반려식물 가운데 꽃을 잘 피우는 종이다. 주로 잎을 감상하는 렉스 베고니아도 좋지만 꽃을 잘 피우는 엘라티오르 베고니아가 함께 있어야 제맛이다. 누가 꽃다발을 종종 선물해 주지 않는 이상 집 안에서 꽃을 자주 볼 수 있다는 건 큰 기쁨이다.

엘라티오르 베고니아는 순수한 자생종은 아니다. 서로 다른 두 종류의 베고니아 사이에서 탄생한 품종이다. 먼저 베고니아라는 식물에 대해 몇 가지 알아 둘 것이 있다. 베고니아는 약 천여 종이 넘는 종류가 아시아, 아프리카, 아메리카 대륙의 습한 우림에 고르게 분포하는 제법 규모가 큰 식물 그룹이다. 1690년 프랑스 식물학자이자 수도사였던 찰스 플루미에*Charles Plumier*가 그의 후원자 미셸 베곤*Michel Begon*을 기려 베고니아라고 이름 붙였다.

엘라티오르 베고니아의 부모는 각각 남아메리카에 자생하는 구근 베고니아와, 동아프리카 소코트라섬에 자생하는 크리스마스 베고니아다. 부모의 특성을 고루 갖춘 엘라티오르 베고니아는 키는 작아도 빨강, 분홍, 노랑, 하양 등 다양한 색깔의 꽃을 풍성하게 피워 낸다. 꽃이 오래가는 편인데 조건만 맞으면 거의 일 년 내내 꽃이 피고 진다. 남아메리카의 고산 지대에 사는 구근 베고니아의 혈통을 이어받은 까닭에 엘라티오르 베고니아도 약간 서늘하고 공중 습도가 높은 환경을 좋아한다. 그래서 한여름을 제외한 가을부터 초여름까지가 꽃을 감상하기 좋다.

베고니아를 화분에 키울 때는 토분이 적당하다. 아주 오래전 프랑스에서 이 식물에 처음 관심을 갖기 시작했을 때는 수분 관리, 일정한 토양 온도 유지, 공기 순환을 위해 베고니아를 돌 화분에 재배했다. 토양은 배수가 잘 되는 원예 상토 혹은 피트모스와 펄라이트를 섞어 사용하면 좋다. 주변 습도 유지를 위해 평상시에 분무를 자주 해 주고, 통풍이 잘 되게 해 주는 게 관건이다. 단 물을 너무 많이 주면 과습으로 피해를 입게 되니 주의한다. 겉흙이 마른 것을 확인하고 하루 이틀 기다린 후에 물을 준다. 엘라티오르 베고니아는 몇 개월 동안 꽃을 본 후 전체적으로 줄기들을 짧게 잘라 주는 게 좋다. 그러면 한두 달 휴식 기간을 보내고 나서 다시 새순이 나온다. 이때 새로 나오는 줄기를 두어 차례 잘라 주면 곁가지가 더 많이 생겨나 풍성하게 기를 수 있다.

잘라 낸 베고니아 줄기나 잎을 이용해 번식을 시도할 수 있다. 줄기의 끝부분을 잘라 꺾꽂이하는 방법이다. 잎이 여러 쌍 달린 줄기 끝부분을 손가락 길이 정도로 잘라 가장 아래에 달린 잎을 떼고 피트모스와 모래가 섞인 용토에 꽂아 두면 된다.

뿌리가 잘 자라게 도와주는 발근제를 줄기 끝에 바르고, 비닐봉지를 덮어 주면 더 좋다. 강한 직사광선은 피하고 온도는 20도 정도를 유지한다. 통풍을 위해 비닐봉지에 구멍을 두세 군데 뚫어 준다. 이렇게 꺾꽂이한 베고니아를 키워 첫 꽃을 보기까지는 대략 3~4개월이 걸린다. 꾸준한 관리와 참을성이 필요하다. 같은 방법으로 잎을 자른 뒤 용토에 꽂아 번식하는 것도 가능하다.

사실 한번 꽃이 피고 난 베고니아를 다시 꽃이 피게 하거나, 직접 베고니아를 번식하는 일이 그리 쉽지 않다. 언제든 깨끗하고 신선한 꽃을 보고 싶다면 커피 한두 잔 값을 아껴 새로운 베고니아 화분을 구입해 몇 달 동안 키우며 감상하는 것이 더 나을지도 모른다. 내 경험상 아파트 같은 실내 환경은 최적 온도와 습도로 맞춰진 농장의 재배 온실과 달리 새로운 베고니아를 키워 내기에는 너무 열악하다. 하지만 이런 시도를 해보는 것도 반려식물을 키우는 즐거움 중 하나다. 비록 실패할지언정 자신의 손길로 새로운 개체를 키워 내는 기쁨은 직접 경험해 보지 않은 사람은 알기 어렵다.

자주 시선이 머무는 곳에 엘라티오르 베고니아가 꽃을 피우고 있으면 볼 때마다 기분이 좋아 미소를 짓게 된다. 햇살 좋은 창가에 놓인 베고니아 화분을 보면 마치 모네의 그림을 감상하듯 금세 마음이 따뜻해진다. 아무 생각 없이 편안한 의자에 앉아 베고니아 꽃을 볼 때 느끼는 행복은, 주식이 오르거나 상여금을 받는 일과는 차원이 다르다. 후자의 즐거움이 현실적으로 더 중요할 수 있지만 꽃은 나의 내면에 주는 소중한 투자요, 선물이다.

일상의 행복은 어쩌면 이렇게 소소한 기쁨을 느끼는 순간들이 모여 이루어지는 게 아닐까. 그 시간들이 찰나라고 하더라도 온전한 시간 속에서 나라는 존재와 내가 숨 쉬는 공간의 따사로운 평온함이 한 폭의 그림이 될 때, 그것은 내 마음속에 오랫동안 기억될 아름다운 영상이 된다. 좀더 적극적으로 내가 지내는 공간 속에서 식물을 기르며 이런 순간들을 갖게 된다면 나와 함께하는 가족과 친구들에게도 좋은 빛, 행복한 시간들이 늘어갈 것이다.

나를 포근하게 감싸는, 아프리칸바이올렛

Saintpaulia ionantha

부드러운 햇살이 드리우는 창가에 파스텔톤 정물화처럼 놓인 아프리칸바이올렛 꽃이 내 마음을 편안하게 한다. 따뜻하고 아늑한 공간에서 귀족처럼 달콤한 휴식을 즐긴다. 꽃의 언어를 들을 수 있다면 얼마나 좋을까. 아프리칸바이올렛 꽃은 말 대신 고운 자태와 빛깔, 향기로 이야기를 건넨다. 작고 느린 몸짓으로 한 방울 두 방울 화사하게 피어나는 꽃들은 작은 털들이 보송보송한 큼직한 잎들 사이에 완벽하게 자리한다. 포근한 벨벳 위를 수놓은 고급스러운 장식품 같다고나 할까.

아프리칸바이올렛을 보고 있으면 할머니에 대한 기억이 떠오른다. 조용히 뜨개질을 하거나 묵주기도를 하고 계신 할머니 곁에 엎드려 책을 읽곤 했던 어린 시절 따사로운 오후 풍경이 떠오르는 건 왜일까? 그건 아마 아프리칸바이올렛이 마음에 온기를 불어넣기 때문일 것이다. 작지만 분명한 행복감을 느끼게 해 준다.

아프리칸바이올렛은 나른한 오후의 티타임과 잘 어울린다. 잔잔하게 흐르는 음악과 그 분위기, 그것을 바라보는 나의 시선이 완벽한 조화를 이룬다. 맛있는 음식이 입을 즐겁게 한다면 예쁜 꽃은 마음을 기쁘게 한다.

아프리칸바이올렛은 이름 그대로 아프리카가 고향이다. 탄자니아 북동부에 우삼바라 _Usambara_ 라는 산이 있는데, 그늘진 바위 협곡 사이에서 아프리칸바이올렛이 자란다. 이 지역은 빙하기가 없었기 때문에 수십억 년 동안 큰 변화 없이 일정한 환경을 유지할 수 있었다. 우삼바라산은 매우 독특한 산이다. 주변 다른 지역과 달리 산 대부분이 열대림으로 뒤덮여 있어 오랜 기간에 걸쳐 독특한 진화, 고유의 식물상을 갖추었다. 그래서 이곳은 생물 다양성을 지닌 생태학적으로 매우 중요한 지역이다.

아프리칸바이올렛은 그 특별한 구성원 중 하나다. 이곳 환경은 연중 따뜻하고 온도와 습도 변화가 크지 않다. 항상 푸른 나무들이 자라고 있고 그 사이로 어른거리는 햇살의 양과 세기도 일정하다. 간간이 비가 내리면 높게 자란 나무의 울창한 잎들이 일차적으로 빗물을 받아 내고 그 잎들 사이로 잘게 흩어진 부드러운 빗방울들이 비말처럼 흩어진다.

깊은 숲속에 숨겨져 있던 이 보물 같은 꽃을 독일계 탄자니아 통치가 세인트폴이 1892년 처음 발견했다. 그래서 아프리칸바이올렛에는 세인트파울리아*Saintpaulia*라는 속명이 붙었다. 제비꽃*Violet*을 닮아 보통 아프리칸바이올렛이라고 부른다.

아프리칸바이올렛이 인기를 끌게 된 것은 세인트폴이 이 꽃을 처음 발견하고 나서 삼사십 년이 흐른 후다. 사람들은 우삼바라산에 살던 이 꽃을 개량해 색깔, 모양, 크기가 다른 여러 품종으로 만들었다. 원래 아프리칸바이올렛 꽃은 파란색으로 꽃이 작고 잎도 그리 크지 않았다. 새로운 품종들은 파란색뿐 아니라 보라색, 분홍색, 하얀색, 선홍색, 노란색 등 매우 다양한 색깔의 꽃을 피웠다. 꽃의 모양도 별 모양, 가장자리가 주름진 형태 등 여러 가지다.

미국에서는 1930년부터 인기를 끌기 시작해서 많은 사람들이 재배하는 국민 꽃이 되었다. 지금 생각해 보면 할머니, 어머니들이 좋아했던 추억의 꽃이었던 것이다. 키우기 쉽고 번식시켜 주변에 나누어 주기도 쉬운 꽃이다. 늘 깨끗하게 자라며 꽃색깔의 선택 폭이 넓어 예나 지금이나 가정용으로 인기가 매우 많은 꽃이다.

아프리칸바이올렛은 20도 전후의 온도를 좋아한다. 아마도 아프리카 우삼바라산 협곡의 온도가 이 정도가 아니었을까. 물을 줄 때도 미리 물을 받았다가 이와 비슷한 온도의 물을 사용하는 것이 좋다. 갑자기 너무 차가운 물을 잎에 흘리면 잎이 탈색된다. 열대의 숲에 차가운 물이 떨어질 리 없지 않은가.

물은 주기적으로 주되 토양이 가볍게 마르기 시작할 때 주는 것이 좋다. 이때 잎에 물이 닿지 않도록 조심해야 한다. 화분을 물이 담긴 컨테이너에 담가 두어 뿌리가 밑에서부터 물을 충분히 빨아들이도록 하는 것도 좋은 방법이다.

비료는 연중 수시로 주는데 너무 진하지 않은 낮은 비율의 비료를 조금씩 사용하면 된다. 자생지에서 바위 사이에 뿌리를 내리고 사는 아프리칸바이올렛이 흡수하는 양분은 그렇게 많지 않다. 마찬가지 이유로 화분은 약간 꽉 끼는 것이 좋다. 아마도 이것은 바위틈에서 살아가는 것과 비슷한 환경이 아닐까 싶다. 이런 환경에서 꽃도 더 잘 핀다. 그래서 아프리칸바이올렛은 웬만해서는 큰 화분으로 옮겨 심지 않는 것이 좋다. 빛은 하루 종일 충분히 받는 것이 좋은데 직사광선은 좋아하지 않는다.

내가 아프리칸바이올렛을 사랑하는 이유 중 하나는 번식이 쉽다는 점이다. 잎을 줄기째로 짧게 잘라 그대로 화분에 꽂아 주기만 하면 된다. 이때 줄기 끝에 발근제를 발라 주면 성공 확률이 더 높다. 몇 주가 지나 새로운 작은 잎들이 나기 시작하고 6개월 정도 지나면 꽃을 피운다. 작은 노력과 배려만으로도 계속해서 꽃을 피워 주는 아프리칸바이올렛이 있는 공간은 언제나 할머니 품처럼 포근하고 행복하다.

향기로 기억에 남는, 펠라르고늄

Pelargonium spp.

소소한 행복을 즐기고픈 사람에게

한 달에 한두 번 부모님 댁에 놀러 가면 부모님이 키우시는 식물들을 살핀다. 그런데 갈 때마다 뭔가 조금씩은 달라져 있다. 화분들 사이에 못 보던 화분이 슬쩍 끼어 있는가 하면 방 안에 있던 화분이 바깥으로 나와 있을 때도 있다. 단골 미용실 아주머니한테 얻었다는 겹꽃 베고니아 화분을 자랑하시기도 하고, 지난번 가져다 드린 시네라리아 화분은 꽃이 다 되었다며 다른 꽃을 추천해 달라고 하신다.

부모님 댁에 갈 때마다 꾸준하게 꽃을 볼 수 있는 식물이 있다. 보통 제라늄으로 불리는 펠라르고늄이다. 가장 기억에 남는 펠라르고늄 꽃은 미국 유학 시절 네모어스 가든에서 본 종류였다. 프랑스 정원 스타일의 질서 정연하고 군더더기 없는 깔끔한 정원에 선홍색 펠라르고늄 꽃 화분들이 규칙적으로 놓여 있었다. 바닥도 난간도 화분도 온통 석고처럼 새하얀 가운데 그 꽃들은 과하지도 부족하지도 않게 아름답게 피어 있었다.

많은 사람들이 제라늄으로 알고 있는 이 식물은 사실 펠라르고늄이다. 18세기 초 네덜란드 무역상들이 남아프리카에서 유럽으로 이 식물을 처음 소개했을 때부터 제라늄과 같은 이름으로 유통되었다. 식물 분류학의 아버지 린네도 같은 종류의 식물로 착각했을 정도로 제라늄과 펠라르고늄은 언뜻 보면 비슷하다. 하지만 이들은 분명히 다르다. 둘 다 다섯 장의 꽃잎을 갖고 있는데 제라늄은 모두가 똑같은 방사상 대칭이라면, 펠라르고늄은 위쪽 두 장과 아래쪽 세 장의 크기가 다르다.

제라늄은 추위에 강해 하디*hardy* 제라늄으로 불리고, 펠라르고늄은 추위에 약해 주로 실내 식물로 키운다. 제라늄의 잎은 깊게 갈라지고, 펠라르고늄의 잎은 둥그런 느낌이다. 결정적으로 제라늄은 씨 꼬투리가 잘 익으면 씨앗들이 튕겨나가듯 멀리 날아가는데, 펠라르고늄의 씨앗들은 여리여리한 솜털이 달려 있어 바람에 사뿐히 날아간다.

제라늄은 주로 작은 키로 넓게 퍼지는 형태로 자란다면, 펠라르고늄은 높이 자라면서 줄기가 나무처럼 변하기도 한다. 제라늄은 주로 온대 지방, 열대의 고산 지대, 지중해 동부에서 서식하고 펠라르고늄은 대부분 남아프리카 출신이다.

펠라르고늄은 조건만 잘 맞으면 계속해서 꽃을 피우는 훌륭한 반려식물이다. 꽃을 좋아하시는 우리 어머니 같은 분들이 꼭 곁에 두어야 할 식물이다. 빨강, 분홍, 노랑, 보라, 하양, 주황 등 꽃 색깔이 매우 다양하다. 특히 빨간색은 회복과 에너지를 불러일으키는 색깔로 자주 보면 건강에 좋다.

색깔뿐만 아니라 잎 크기와 무늬도 매우 다양하다. 펠라르고늄 품종만 수집하고 키우는 농장을 방문한 적이 있다. 작지 않은 규모의 비닐하우스 안에 온갖 펠라르고늄 품종들이 가득했다. 공중에 매달아 놓는 화분마다 매혹적인 빛깔의 꽃들이 갖가지 색조로 피어 있었다. 고백하자면 이 농장을 찾아가게 된 것은 아내와 다투고 난 후 아내의 마음을 풀어 주기 위한 꽃을 사기 위해서였다. 그날 내 마음에 든 꽃은 밝은 주황색 펠라르고늄이었다. 거실 탁자 위에 그 화분을 올려놓고 자연스럽게 화해 무드가 만들어지길 기대했다. 주황색은 왠지 기분 좋은 일이 생길 것 같은 낙천주의, 관계 개선에 효과적인 색깔인 걸 알았다고 한다면 너무 계획적인 행동이었을까. 아무튼 나의 작지만 세심한 노력 덕분인지 몰라도 아내의 마음이 다시 말랑해졌다.

펠라르고늄의 고향은 남아프리카공화국 케이프타운 지역으로 주로 해안가 숲지대 가장자리에 위치한 협곡과 바위틈에서 자란다. 남반구인데다 지중해성 기후인 이곳은 우리나라와 계절이 반대이고 기후도 상당히 다르다. 간단히 말하자면 여름은 덥고 건조하고, 겨울은 서늘하고 비가 많이 내린다.

실내에서 펠라르고늄을 기를 때 남아프리카의 푸른 바다가 내려다보이는 높은 언덕을 떠올려 본다. 그곳은 늘 시원한 바람이 불고 바위들 사이로 크고 작은 관목들이 덤불숲을 이룬다. 여름은 덥지만 비가 많이 내리지 않아서 쾌적한 편이다. 겨울은 비가 많이 내리는데 영하의 추위가 없어 상쾌하다. 펠라르고늄은 더운 여름에는 잠을 자고 가을이 오면 슬슬 기지개를 켠다. 그리고 습하고 서늘한 겨울을 지낸 후 마침내 꽃을 피운다. 이런 리듬과 환경 조건을 잘 이해하면 펠라르고늄을 건강하게 잘 기를 수 있다.

먼저 펠라르고늄은 가뭄과 더위에 강한 다육 식물에 가까울 정도이므로 배수가 아주 잘 되는 흙과 화분이 필요하다. 더운 여름 휴면기를 잘 보내는 것이 가장 관건인데, 이 시기에는 생육을 멈추고 쉬는 시간이기 때문에 흙이 웬만큼 마르고 잎이 어느 정도 처지기 전까지는 물을 거의 주지 않는다고 생각하면 된다. 물을 주고 난 뒤에도 화분받침에 절대로 물이 고여 있지 않도록 주의한다.

꽃이 잘 피려면 빛도 충분해야 한다. 하루 대여섯 시간 이상 햇빛을 볼 수 있는 위치면 좋다. 꽃을 꾸준히 보려면 진 꽃들과 시든 잎들을 부지런히 따 준다. 오랫동안 키우면서 줄기만 길게 늘어지고 볼품없게 변해 간다면 과감하게 줄기를 짧게 잘라 주어야 한다. 겨울은 약간 서늘한 곳이 좋지만 가급적 5도 이하로는 내려가지 않도록 한다.

펠라르고늄은 잎에서 독특한 향이 난다. 살짝만 건드려도 주변에 그 향이 퍼진다. 마치 향수를 짙게 뿌린 사람이 스쳐 지나간 느낌이랄까. 향기로 모기를 쫓는다 해서 구문초라 불리는 식물도 펠라르고늄의 한 종류다. 호불호가 있지만 나에겐 이 향이 나쁘지 않다. 펠라르고늄은 종류에 따라 페퍼민트 향이 나기도 하고, 상큼한 레몬 향, 사과 향, 장미 향이 나기도 한다. 특정한 병해충에 맞서 싸우기 위한 방어 전략일 테니 아마도 남아프리카 어딘가 이 식물의 고향 마을에서는 이 꽃을 괴롭히는 해충들이 이 냄새를 매우 싫어했음이 분명하다. 하지만 이 향이 우울함과 스트레스를 줄여 준다고 하니 펠라르고늄을 좋아할 이유가 하나 더 추가된 셈이다.

3

마음의 안정이 필요한 사람에게

어린 시절 친구들과 신나게 놀다가도 가끔씩 혼자 있고 싶거나 고민거리가 있을 때면 마을 어귀 동산에 오르곤 했다. 지금 보면 아주 야트막한 언덕에 불과한데 그땐 그 작은 봉우리도 꽤나 높아 보였다. 나무들 사이로 난 풀숲 길을 오르면 마침내 정상이라고 할 수 있는 언덕마루에 도달한다. 그곳에 서서 동네를 내려다보면 숨통이 확 트이고 머리가 맑아졌다. 지금도 비슷한 이유로 가까운 숲길이나 산을 찾는다. 나이가 들수록 바쁜 일상 속에서 마음은 더 쉽게 어지러워지고 막연한 두려움과 스트레스가 커져 간다. 그럴수록 그 옛날, 그 숲길과 언덕을 다시 찾아 가고픈 마음이 더 간절해진다.

초록 잎이 가득한 나무로 둘러싸인 곳에 가면 언제 그랬냐는 듯 마음이 편안해진다. 초록색은 눈을 쉬게 해 주고, 식물들이 내뿜는 숨이 나의 숨을 깨끗하게 해 준다. 위, 아래, 좌, 우로 원근감을 주는 다양한 자연의 오브제를 쫓아 눈은 자연스럽게 이완 운동을 시작한다. 귀는 부엽을 밟는 가벼운 발걸음 소리, 잎들 사이로 부딪치는 바람 소리, 어디선가 들려오는 새소리 따위를 모두 흡수해 마음을 정화시킨다. 초록 나무들로 에워싸인 느낌은 위험으로부터 보호받고 있다는 안정감을 준다. 한참 숲속을 걷다 보면 피로가 어느새 사라지고 두려움과 불확실성의 죽은 껍데기들이 모두 떨어져 나간다.

　몸과 마음의 치유를 위해 자주 숲을 찾아갈 수 있다면 좋겠지만 하루하루 바쁘게 살다 보면 그게 그렇게 쉽지 않다. 숲에서 느낄 수 있는 분위기를 집 안에 만들어 놓는다면 어떨까. 기회만 된다면 숲에 자주 가는 것이 훨씬 좋겠지만 크고 풍성한 초록 잎을 가진 식물들이 자라고 있는 나만의 작은 정원에서 위로받는 것도 나쁘지 않다. 빌딩과 자동차로 가득한 퇴근 길을 뒤로하고 나만의 은신처로 귀가했을 때 숲속 같은 느낌을 주는 초록 잎들이 가득한 공간이 있다면 하루의 마침표를 찍는 시간이 얼마나 더 편안할까.

　다행히 인간이 초록색 식물로부터 혜택을 받고 행복감을 느끼는 데는 양이 중요한 것이 아니라는 연구 결과가 있다. 실내에서 초록색 잎의 효과를 크게 볼 수 있는 식물들은 대부분

열대 우림에 사는 식물이다. 이 식물들은 경쟁이 치열한 울창한 숲속에서 더 많은 빛을 흡수하기 위해 잎을 크게 발달시켰다. 그리고 실내 공간으로 삶의 터전을 옮긴 이 식물들은 신선한 공기를 내뿜고 적절히 습도 조절을 해 주면서 사람들의 마음에 긍정 에너지와 안정감을 준다.

삶이라는 말 속에 담긴 의미를 생각해 본다. 온갖 생각들이 지렁이처럼 꿈틀대고, 솟아나는 새싹처럼 무수히 피어오른다. 그중 더러는 사그라지고 더러는 열매를 맺는다. 끝없는 고민과 희비喜悲의 반복, 자의든 타의든 사람들과 얽혀 살다 보면 그냥 조용히 살아지지는 않는다. 고민에 사로잡혀 있을 때 내 주변을 감싸고 있는 초록 식물들을 바라보면 문득 이 세상은 복잡한 인간사로만 채워진 곳은 아니라는 것과 사람이 살아가는 공간이 사람만의 전유물이 아니라는 것을 깨닫는다.

우리가 숨 쉬며 산소를 들이마시고 이산화탄소를 내뿜을 때, 식물은 우리와 반대로 이산화탄소를 흡수하고 산소를 방출한다. 인간의 삶은 식물과 공존할 때 균형을 이룬다. 반려식물들은 더 넓은 위대한 자연과의 연결고리로써 나에게 손을 내민다. 자연과 더불어 서로가 서로를 보살핀다는 생각을 가질 때, 항상 다른 존재와 연결되고자 하는 인간의 본성에도 충실하게 되므로 근원적인 편안함을 느낀다.

위대한 생명력을 지닌, 몬스테라

Monstera deliciosa

마음의 안정이 필요한 사람에게

몬스테라가 있는 공간을 좋아한다. 하얀색 벽을 배경으로 마치 예술가의 섬세한 터치로 탄생한 듯 우아한 라인들을 그리며 펼쳐진 짙은 녹색 잎들은 모던함과 자연의 극적인 만남처럼 이색적인 감동을 준다. 몬스테라의 커다란 잎은 가장자리가 깊게 갈라지고 잎 중간엔 크고 작은 구멍들이 나 있다. 그 사이로 빛이 투과하며 바탕색이 비치면 몬스테라가 놓인 공간 전체가 하나의 그림처럼 펼쳐진다.

몬스테라는 스위스치즈라는 별명을 갖고 있는데 잎을 보면 그 이유를 바로 알 수 있다. 화려한 꽃들은 즉시 사람의 마음을 밝게 하지만 몬스테라 같은 열대의 초록 식물들이 주는 느낌은 묵직한 안정감에 가깝다. 새롭게 나오는 잎은 생명의 강인함을 일깨우고, 금세 자라나는 잎은 넓게 퍼지며 공간을 편안하게 감싸 준다.

몬스테라는 멕시코 남부, 과테말라, 파나마를 중심으로 한 남미 출신이다. 이곳의 열대림은 비가 자주 내리고 일 년 내내 기온이 20도가 넘는 따뜻한 지역이다. 몬스테라가 자생하는 환경은 어릴 때 텔레비전에서 즐겨 보았던 타잔이 사는 숲과 비슷하다. 타잔이 타고 다니던 줄도 사실은 다른 나무를 타고 아주 높게 자란 몬스테라의 공기뿌리다. 이따금 원숭이 울음소리가 들리고 새들의 날갯짓하는 소리와 부스럭거리는 소리가 들리는 한낮의 열대림은 평온하다. 높이 자라는 야자와 고무나무, 그 위를 타고 올라가는 몬스테라 잎들 사이로 스며드는 밝은 햇살은 어두움을 밝히는 치유와 소생의 에너지다.

몬스테라는 다른 큰 나무에 기대어 자란다. 몬스터를 연상시키는 이름 때문에 나쁜 이미지로 느낄 수도 있지만 몬스테라는 다른 식물체의 몸에 직접 뿌리를 내려 수분과 양분을 빨아먹는 기생식물이 아니다. 그저 커다랗게 자라는 자신의 잎을 지탱하기 위해 다른 커다란 식물의 줄기에 의지할 뿐이다. 현지에서는 몬스테라 열매를 맛있게 먹을 수 있다고 해서 학명에 델리시오사*deliciosa*라는 종명이 붙었다. 잎에 구멍이 난 이유는 잎의 표면적을 최대한 늘려 광합성을 많이 하는 것과 동시에 폭우가 쏟아져 내릴 때 빗물이 잎을 그대로 통과하도록 하여 피해를 최소화하기 위한 똑똑한 진화의 결과다.

비스듬히 빛이 들어오는 밝은 실내 공간은 몬스테라가 커다란 잎을 펼치며 자라기에 완벽한 공간이다. 온도는 20~30도 사이가 적당한데 겨울에도 최소한 15도 이상 유지해 주는 것이 좋다. 덩굴 식물이므로 어느 정도 자라면 타고 올라갈 지지대가 필요하다. 혹 너무 빨리 자라는 것이 싫다면 화분 이식을 자제하고 가끔씩 새로 나오는 잎을 따 준다. 이렇게 잘라낸 잎줄기를 유리병에 꽂아 놓으면 그 느낌이 색다르다.

———

마음의 안정이 필요한 사람에게

몬스테라는 습도가 높은 환경을 좋아하지만 물은 겉흙이 어느 정도 말랐을 때 흠뻑 준다. 화분 밖으로 공기뿌리가 삐져나와 자라기 시작하면 그 뿌리를 따로 물에 담가 놓는 방법도 있다. 이렇게 하면 화분에 물을 적게 주어도 된다.

몬스테라 같은 커다란 초록 잎을 바라볼 때 느끼는 것은 안정감이다. 몬스테라는 위로감과 함께 평온함을 주는 식물이다. 비록 열대의 숲속처럼 울창하지는 않더라도 몬스테라가 자라고 있는 공간에 들어서면 그 공간이 자연의 일부로 느껴진다. 두려움과 걱정이 많을 때, 우울하거나 머리가 아플 때 몬스테라가 자라는 공간에 멍하니 앉아 심호흡을 해 본다. 그러면 때 묻지 않은 원시림의 맑은 에너지가 폐부로 깊숙이 스며든다.

마음을 밝혀 주는 친구, 접란

Chlorophytum comosum

마음의 안정이 필요한 사람에게

불을 켜지 않은 한낮의 내 방은 보통 약간 어두운 편이다. 하지만 정오가 되기 한두 시간 전부터 창문으로 비스듬히 빛이 들어올 때는 마음을 사르르 녹일 만큼 따스하고 아늑한 분위기가 연출된다. 방 한구석엔 그 귀한 빛을 고스란히 만끽하는 몇몇 화분들이 자리를 차지하고 있다. 그중 유독 눈에 띄는 식물이 접란이다. 창가에 놓인 책꽂이 선반으로부터 길게 늘어져 예쁘게 펼쳐진 잎들이 어두운 방을 밝힌다. 더불어 내 마음까지 불을 밝힌다.

연두색 잎은 가장자리가 흰색이라 더 밝고 화사하다. 중간중간 가늘고 길게 뻗은 꽃줄기 끝에는 작은 아기 식물들이 매달려 있다. 늘 자식들에게 '다 잘 될 거야'라고 말하는 어머니의 온기를 품은 듯하다. 접란을 가만히 바라보고 있으면 내 마음도 따스해진다. 아마도 내가 접란을 좋아하는 이유는 어미 식물과 아기 식물들이 보기 좋게 함께 자라기 때문일 것이다.

속명인 클로로파이텀 *Chlorophytum* 은 말 그대로 '초록 식물'이라는 뜻이고, 종명인 코모숨 *Comosum* 은 '술'로 장식되었다는 뜻이다. 접란은 나비를 닮은 난초 같다는 뜻인데, 영어 이름은 거미를 닮았다고 해서 스파이더 플랜트 *Spider plant* 다. 접란이 원래 살던 곳은 아프리카 남부 열대림 가장자리다. 실내 식물로 전 세계로 퍼져나가 인기를 끌게 된 것은 200년도 더 되었다. 덥

건 춥건, 햇빛이 많건 적건, 공기가 습하건 건조하건 아주 잘 자라서 더 고마운 식물이다.

접란의 잎은 공기 중에 있는 독소를 흡수하고 산소를 내뿜는다. 특히 실내 공기 중에 떠다니는 포름알데히드 같은 유해 물질을 제거한다. 공기가 맑아지면 자신도 모르는 사이에 마음도 맑아지고 편안해진다. 대표적인 접란 품종으로는 중심이 초록색이고 가장자리가 흰색인 바리에가텀*Variegatum*이 있고, 중심이 흰색이고 가장자리가 초록색이 비타텀*Vittatum*이 있다.

접란의 가장 큰 매력은 꽃이 핀 다음 그 자리에서 예쁜 아기 식물들이 자라는 것이다. 그대로 두어도 참 예쁘지만 아기 식물들이 많아지면 그중 크게 자란 몇몇을 떼어 물이 담긴 유리컵에 담가 놓는다. 꽃줄기에서 아기 식물을 자를 때면 탯줄을 자르는 것처럼 기분이 묘하다. 얼마 후 물속에 흰색 뿌리들이 뻗어 나오기 시작하고 위로는 미끈한 새잎이 예쁘게 돋는다. 뿌리가 유리컵에 꽉 찰 때쯤 흙이 담긴 화분으로 옮겨 주면 장차 더 크게 자라 근사한 어미 식물이 된다.

한편 크게 자라 아기 식물들이 많이 달려 있는 접란은 걸이 화분에 심어 매달아 놓으면 보기 좋다. 관리하기가 어렵지 않은 식물이라 식물을 길러 본 경험이 거의 없는 사람들에게도 적극 추천한다.

그냥 사라져 버릴 수도 있는 무언가가 자기 자리를 찾고 존재하기 시작하는 것을 보면서 어쩌면 삶의 모든 비밀은 이 같은 모습에서 비롯되는 것은 아닌지 새삼 깨닫는다. 지치고 불안한 나의 하루를 위로하는 것처럼 오늘도 내 방에서는 접란이 나를 반긴다.

덤덤히 전하는 위로, 산세베리아

Sansevieria trifasciata

언젠가부터 침실에도 식물이 있으면 참 좋겠다는 생각을 했다. 꼭 거실이나 베란다에서만 식물을 키우라는 법은 없지 않은가? 하지만 과연 어떤 식물이 침실 같은 악조건에서 자랄 수 있을까 싶어 그냥 생각을 접곤 했다. 그러다가 전 세계의 많은 식물 마니아들이 산세베리아를 침실에서 키우고 있다는 것을 알게 되었다. 집집마다 사무실마다 하나씩은 있을 법한 식물이라 사실 별다른 호기심이 있진 않았다. 그런데 산세베리아가 가진 놀라운 능력을 알게 되면서 산세베리아는 내 침실에 꼭 있어야만 하는 식물이 되었다.

산세베리아는 아프리카 서부 내륙 지역인 나이지리아 동부와 콩고에 걸쳐 분포한다. 열대 사바나 지역인 이곳은 연 평균 기온이 20~30도 정도로 유지되고 비가 거의 오지 않는 건기가 몇 개월씩 지속된다. 이 지역은 건기가 없이 일 년 내내 비가 내렸다면 열대 우림이 되었을 것이고, 비가 덜 내렸다면 스텝 혹은 사막 기후가 되었을 것이다.

산세베리아가 자라는 아프리카 내륙의 평원은 매우 뚜렷하게 구분되는 건기와 우기가 있다. 교목들은 그리 많지 않다. 드문드문 작은 소교목과 관목들이 자라는 가운데 다육성 풀들이 많이 자라고 있다. 적도 지방의 주된 토양층을 이루는 라테라이트는 특유의 붉은 빛을 띠는데 이곳이 아프리카임을 말해 준다. 염기와 규산이 모두 빠져나가고 유기질이 거의 없는 이 흙은 물 빠짐이 매우 좋아 우기에 집중적으로 쏟아져 내리는 빗물마저 순식간에 빠져나간다.

산세베리아는 이런 사바나의 평원에 드문드문 자라는 나무들 주변에서 땅속 혹은 땅위로 뿌리줄기를 뻗으며 넓게 군락을 형성한다. 나무 주변은 오후의 강한 햇빛을 피할 수 있게 해 주고 우기에 빗물을 어느 정도 막아 주는 최상의 보금자리다.

이러한 연합 작전은 비가 오면 산세베리아가 아주 짧은 시간 동안 물을 한껏 빨아들이고 서로 연결된 뿌리와 잎줄기에 수분을 저장해 둘 수 있게 한다. 게다가 산세베리아는 놀라운 능력이 있다. 한창 더운 여름이나 햇빛이 뜨거운 낮에는 잎의 미세한 숨구멍들을 모두 막아 물이 밖으로 빠져나가지 못하게 한다. 길고 혹독한 건기를 버틸 수 있도록 물을 몸속에 저장하기 위해서다.

산세베리아는 밤이 되어서야 비로소 숨구멍을 열고 참았던 숨을 내쉬며 가스 교환을 시작한다. 이산화탄소를 들이마시고 산소를 내뿜는 것이다. 침실에 산세베리아를 두는 이유는 바로 이 때문이다. 산세베리아는 내가 잠을 자는 동안 공기 중에 떠다니는 독성 물질을 흡수하고 맑고 깨끗한 산소를 내준다. 공기가 맑으면 그만큼 더 깊고 편안하게 숨을 쉴 수 있어 숙면에 큰 도움이 된다.

사실 이 밖에도 공기 정화 효과가 있는 식물들은 많다. 그렇지만 침실 같은 조건에서 살 수 있는 식물은 흔하지 않다. 물론 아침 해가 뜨면 햇살이 부드럽게 스며들어 하루 종일 밝게 유지되고 온도와 습도가 항상 일정하게 조절되는 침실이라면 웬만한 실내 식물들이 잘 살 수 있을 것이다. 하지만 인테리어 잡지에 나올 법한 럭셔리한 침실이 아닌 대부분의 침실은 빛이 많지 않다. 또 가습기와 서큘레이터를 틀지 않는 상태에서는 매우 건조하고 통풍도 잘 되지 않는다.

다행히 산세베리아는 비교적 그늘에서도 잘 견디고 건조한 환경에 매우 강하다. 또 그늘에 강한 식물은 상대적으로 물을 많이 필요로 하지 않는다. 산세베리아는 한동안 물이 전혀 없어도 살아갈 수 있기 때문에 심지어 죽이기도 어려운 식물이라고까지 이야기한다. 하지만 아무리 산세베리아가 악조건에 강한 반려식물이라고 하더라도 기본적인 생리는 알고 있어야 하지 않을까.

우기와 건기가 반복되는 아프리카 사바나의 기후처럼 온도가 높은 여름엔 주기적으로 물을 주고, 기온이 떨어지는 가을과 겨울에는 물을 거의 주지 말아야 한다. 특히 겨울에 물을 너무 적게 줘서 죽는 것은 아닌가 하는 마음에 자꾸 물을 주면 오히려 밑동이 썩기 시작하고 결국 죽게 된다. 흙은 무조건 배수가 잘 되는 흙을 사용해야 한다. 그리고 물을 줄 때는 산세베리아의 잎줄기가 모여 있는 중심을 피해 주변으로 스며들게 하는 것이 좋다. 중심 부위에 물을 주면 쉽게 썩기 때문이다.

고등학교 때 교훈이 '한구석을 밝힌다'는 뜻의 조일우照一隅였다. 산세베리아는 다른 식물이 잘 자라기 어려운 구석을 밝히고 칙칙한 공기마저 맑게 정화시켜 주므로 그 말에 딱 맞는 식물이다. 같은 자리에서 쭉쭉 뻗은 잎만으로 살아가지만 운이 좋으면 꽃을 볼 수도 있다.

언젠가 집에 돌아와 낯선 향기에 놀란 적이 있다. 아내가 즐겨 쓰는 향수도, 화장실 방향제도, 얼마 전부터 딸아이가 여드름에 바르기 시작한 허브 엑기스 향도 아니었다. 매우 생소한 향기였다. 산세베리아의 길다란 잎줄기 사이에서 대나무 꽃처럼 가늘고 볼품없는 꽃대가 비쭉 솟아나 연둣빛이 감도는 흰색 꽃을 피웠는데 그게 바로 그 향기의 근원지였다. 호불호가 있을 법한 향기지만 나는 그 달달함이 참 좋았다.

좀처럼 꽃을 보기가 쉽지 않은 산세베리아는 평상시에 그저 창 같은 잎들이 삐죽삐죽 솟아 있는 볼품없는 식물이라고 생각할 수 있다. 하지만 주어진 환경 속에서 묵묵히 살아가는 산세베리아의 모습은 늘 바쁘게 살면서도 불안해하는 나에게 걱정하지 말고 조금 더 강인해지라는 위로를 전한다. 조금이나마 깨끗하고 순수한 공기로 불면의 밤을 치유해 주는 것은 덤이다.

4

해야 할 일이 너무나 많은 사람에게

향기는 기억을 되살리는 마법이다. 뇌의 가장 중요한 기억을 관장하는 부분이 향기와 연관된다. 군불 때는 냄새를 맡으면 어린 시절에 살았던 시골 마을 풍경과 그곳에서 뛰놀던 때가 고스란히 떠오른다. 심지어 힘든 시기에 맡았던 좋은 향기는 고생을 좋은 추억으로 기억하게끔 한다. 홍차와 마들렌을 먹다가 불현듯 옛 생각이 떠올라 단숨에 《잃어버린 시간을 찾아서》라는 대작을 집필했다는 마르셀 프루스트의 일화도 유명하다.

반려식물 중에서도 좋은 향으로 기억되는 식물이 있다. 다른 식물들이 그저 공간을 풍성하게 하거나 색감을 더하고 공기를 깨끗하게 하는 역할을 한다면 이 식물들은 맛과 향으로 더 직접적인 에너지와 자극을 준다. 허브류 식물의 잎을 문질러 향을 맡으면 즉각적으로 뇌에 어떤 반응이 일어난다. 이 식물들을 가까이 두면 방향제가 따로 필요 없다. 한번 쓰다듬거나 문지르는 것만으로도 향기가 퍼진다. 차로 우려내거나 잎을 조금 떼어 살짝 씹으면 금세 기분이 전환되고 집중력이 높아진다.

운동으로 몸을 관리하는 것처럼 적극적으로 뇌와 정신을 맑게 할 필요가 있다. 기도, 명상, 요가 등이 좋은 방법이 될 수 있지만 향과 맛으로 도움을 주는 반려식물도 도움이 된다. 특히 다양한 허브들은 저마다 아주 특별한 능력을 지녔다.

허브가 주는 효과는 명확하다. 향을 통해 우리 뇌를 자극하는 것. 그래서 신경을 완화시키고, 긴장을 누그러뜨려 스트레스를 줄여 준다. 또 다양한 요리와 음료에 가니쉬로 활용하면 고유 성분이 우리 뇌에 아주 좋은 효능을 나타낸다.

왜 허브는 독특한 향을 갖게 되었을까? 허브의 향은 다른 동물들로부터 자신을 보호하기 위한 방어 전략이다. 그런데 그 맛과 향이 우리에게는 입맛을 돋우는 훌륭한 향신료가 되고 여러 가지 약효까지 주는 것이다. 편백나무를 비롯한 침엽수들은 해충의 접근을 막기 위해 피톤치드*phytoncide*를 내뿜는데 이 피톤치드가 오히려 공기를 맑게 하고 살균 작용을 하는 것과 마찬가지다.

해야 할 일이 너무나 많은 사람에게

허브들은 빠르게 자라, 다른 반려식물들에 비해 단시간에 결과물을 보여 주기 때문에 긍정적 에너지와 성취감도 맛볼 수 있다. 씨를 뿌린 곳에 거짓말처럼 새싹들이 돋아나듯이 내 마음에도 그런 초록 싹들이 무럭무럭 자라기를 빌어 본다.

온몸에 퍼지는 청량감, 페퍼민트

Mentha × piperita

함께 일하는 동료 중 한 사람이 가끔 민트향 캔디를 나눠 주며 나른한 오후의 정적을 깨어 줄 때가 있다. 그러면 입안에 화한 향과 함께 다시금 활력이 생긴다. 민트향 껌이나 사탕에 익숙해서 민트라는 말만 들어도 그 상쾌함이 퍼지는 것 같다.

민트에 얽힌 슬픈 신화가 있다. 먼 옛날, 요정 멘테*Menthe*는 지하 세계의 신 하데스의 사랑을 받았다. 그런데 이를 노여워 한 하데스의 아내 페르세포네가 멘테를 죽인다. 그 후 멘테는 향기로운 식물 민트로 다시 태어난다. 요정 멘테의 이름에서 비롯된 민트는 그 종류만 수백 가지가 넘는다.

민트들은 몇 가지 공통점이 있다. 줄기를 만져 보면 원형이 아니라 사각 형태로 되어 있고 잎들이 서로 마주난다. 또 민트 대부분이 독특하고 강한 향과 함께 갖가지 치유 효과를 갖고 있다. 우리에게 친숙한 박하도 민트의 한 종류다. 페퍼민트는 청량감을 주는 멘톨 성분을 많이 함유하고 있어 인기가 많은 민트 중 하나다.

아침엔 보통 모닝커피로 활기차게 하루를 시작하지만 오후가 되면 곧 피로를 느낀다. 이럴 때 카페인 부담을 줄이면서 집중력을 높일 수 있는 페퍼민트 차를 마시는 것을 권한다. 그러면 살짝 과부하가 걸려 있던 머릿속이 맑아지면서 마음도 다시 차분하게 리셋된다. 자연스럽게 집중력이 높아지고 기분이 상쾌해진다.

페퍼민트 화분을 가까이 두고 키우며 가끔 잎을 문질러 향을 맡으면 페퍼민트 캔디나 차를 직접 마시는 것 못지않은 시원한 청량감을 느낄 수 있다. 창문을 활짝 열어 환기를 시키는 것처럼 코끝에서 시작되는 시원함이 머릿속에 신경 세포를 하나 둘 깨운다. 다시 무언가에 집중하게 하는 에너지가 재충전되는 것이다. 여름엔 시원한 물에 각 얼음을 넣고 페퍼민트 잎을 띄어 마시면 오감이 초록으로 물들며 힐링이 된다.

18세기 중반 린네가 처음으로 이 식물을 기록할 당시만 해도 페퍼민트는 하나의 새로운 종으로 알려졌다. 그런데 훗날 스피어민트와 워터민트 사이에서 자연 교배가 이루어져 탄생한 품종으로 밝혀졌다. 원래 스피어민트와 워터민트는 둘 다

지중해를 둘러싼 유럽과 중동 지역이 원산지다. 주로 시냇가나 강가 주변처럼 습하지만 배수가 잘 되는 토양에서 잘 자라고, 땅속줄기로 번식하며 군락을 이룬다.

페퍼민트는 물만 잘 준다면 집에서 키워도 큰 어려움 없이 잘 자란다. 오전에는 어느 정도 햇살을 받고 오후에는 살짝 그늘이 지는 곳에 두면 좋다. 꽃 시장에서 페퍼민트 모종을 구입하면 바로 약간 더 큰 화분에 유기질이 풍부한 배수가 잘 되는 흙을 담아 옮겨 심는다. 그러면 뿌리가 제대로 자리를 잡고 탄력을 받아서 풍성하게 자란다. 구입했을 때 심겨 있는 화분과 흙에 그대로 두고 키우면 더 크게 자라지 않는다. 새 화분과 흙을 마련해 주는 것은 아이가 잠재된 재능과 열정을 펼쳐 꿈을 이루며 성장할 수 있도록 적절한 환경을 만들어 주는 것과 같다.

페퍼민트는 뿌리가 깊게 내리지 않고 옆으로 퍼지며 자란다. 그래서 깊이가 있는 화분보다 폭이 넓은 화분이 알맞다. 페퍼민트는 물을 매우 좋아한다. 혹 물을 주는 것을 잊을 경우를 대비해 수분이 잘 증발하는 토분보다는 물기를 잘 머금고 있는 플라스틱 화분을 사용하는 게 좋다.

딸아이가 가끔 페퍼민트 잎을 문질러 향을 맡아 보는 것을 즐긴다. 식물원에서 일하는 아빠의 직업 탓에 어린 시절부터 정원을 놀이터 삼아 다양한 식물을 접할 기회가 있었다. 그렇지만 민트를 좋아하게 된 것은 초등학교에 다닐 때 학급 프로젝트로 민트를 직접 길러 본 경험이 영향을 미친 듯하다. 요즘도 딸아이는 공부하다 머리를 식히고 싶을 땐 베란다로 나가 페퍼민트를 쓰다듬고 향을 맡곤 한다.

미국 메릴랜드주에 있는 한 학교에서는 교장 선생님이 학생들의 성적을 높이기 위해 시험 당일 학생들에게 페퍼민트 캔디를 나눠 준다. 페퍼민트 향과 달콤한 맛이 환상의 콤비를 이루어 집중력과 주의력 향상에 도움이 된다는 것을 알고 있었던 것이다.

집에서 기르는 페퍼민트는 언제든 아낌없이 향을 내준다. 모히토나 진토닉 같은 칵테일을 좋아하는 나에게 페퍼민트 잎은 요긴하다. 일단 직접 내 손으로 재배한 것이라 시중에서 구입한 재료보다 안전해 믿고 사용할 수 있다. 상큼하고 달달한 음료나 칵테일 속에 섞인 페퍼민트 잎은 깊고 강인한 향으로 영혼을 깨워 준다.

생각해 보면 우리 주변에는 굳이 술, 담배, 커피에 의존하지 않아도 오감을 활용해 몸과 마음을 즐겁게 할 수 있는 '건강한 중독 거리'가 참 많다. 다행히 담배는 끊은 지 오래되었지만 술과 커피는 아직도 중독 수준이다. 저마다 개성 있는 향과 풍미를 가진 민트와 허브로 기호를 바꾸는 것을 진지하게 고려하고 있다. 물론 이들을 즐기는 데 도움이 되는 약간의 알코올마저 끊을 자신은 없다. 아무튼 건강한 중독을 위해 우리 집 베란다에는 허브 화분들이 더 늘어날 전망이다.

맛과 향으로 나를 위로하는, 바질

Ocimum basilicum

바질은 특유의 맛과 향으로 위로를 주는 식물이다. 바질의 맛과 향은 우리나라에서 자라는 향신료 식물과 다른 이국적인 풍미다. 그렇지만 스파게티나 카프레제 샐러드에 곁들여 먹어 꽤 친숙한 맛이다. 바질페스토를 발라 갓 구운 빵도 맛이 좋다.

대형 마트 식물 코너에 바질 화분이 놓여 있으면 그냥 지나치지 못한다. 쌈 채소 한 번 사먹는 금액으로 바질 화분을 구입하면 두고두고 즐길 수 있기 때문이다. 크고 싱싱한 연두색 잎들이 먹음직스럽게 달려 있는 모습은 그 자체로 훌륭한 관상용 식물이다. 그 잎을 어떤 요리에 넣을지 상상하며 맛을 떠올리는 것도 즐겁다.

마트에서 웬만큼 자란 바질 화분을 구입하는 방법이 있지만 씨앗을 구해 직접 파종해서 기르는 재미는 또 다르다. 1~2주 안에 싹이 올라오고 쑥쑥 자라나는 것을 보면 내가 뭔가 키우고 있다는 뿌듯함이 든다. 잘 키운 바질 화분 하나면 겨우내 한 가족이 가니쉬로 즐기기에 충분하다.

바질은 원래 중앙아프리카, 동남아시아 열대 지방이 원산지다. 그 역사를 찾아가면 로마, 그리스 등 고대 시대로 거슬러 올라가는데, 그때부터 재배를 시작했다. 이후 인도를 통해 전 세계로 널리 퍼진 인기 식물이다.

바질은 기억력을 되살려 주는 효과가 있다. 바질의 독특한 향은 스트레스를 줄여 주고, 사물을 인식하고 결정하는 인지 능력을 향상시킨다. 또 바질의 향은 뇌의 베타파를 자극해 각성 수준을 높인다. 쉽게 긴장하고 불안에 빠질 때, 그래서 일에 집중하지 못하고 스트레스 상태에 있을 때 도움이 된다. 바질 향이 성가신 파리도 쫓아낸다고 하니 이 또한 집중력 향상에 어느 정도 일조하는 것은 아닐까.

바질은 마치 화분 재배를 위해 탄생한 식물 같다. 흔히 한해살이로 알고 있지만 바질은 여러 해 동안 키울 수 있다. 바질을 오랫동안 잘 키우려면 처음에 구입했던 작은 바질 화분을 좀더 큰 화분으로 바꾸어 주는 것이 좋다. 그다음에는 부지런히 바질 잎을 따 준다. 그렇게 해야 줄기가 더 굵어지고 곁가지도 많이 생기며 잘 자라기 때문이다. 잎이 더 많이 나도록 꽃눈이 생기면 바로바로 따 준다.

풍성하고 건강한 잎들을 계속 보려면 최대한 햇빛이 많이 드는 곳에 두는 게 좋다. 햇빛이 잘 드는 부엌 창가나 동쪽 창가를 추천한다. 바질은 화분에 물이 마르는 것을 견디지 못하므로 흙은 항상 촉촉하게 유지해 준다. 또 추위에 약하고 폭우에 약해 실내에서 키우는 것이 좋다. 겨울철 실내 온도는 10도 이하로 떨어지지 않도록 신경을 쓰고 최소한 15도 이상은 유지해야 한다. 늦가을에 바깥에 있다가 서리를 맞으면 바로 시들고 잎이 검게 변해 버린다.

풀리지 않는 문제와 고민을 혼자 끌어안고 끙끙거릴 때가 있다. 시간이 지날수록 오히려 그 문제에서 헤어나지 못한다. 그럴 때 그 고민을 잠시 잊고 다른 일에 몰두하거나 다른 사람에게 도움을 요청하면 의외로 쉽게 문제가 해결되는 경우가 있다. 당이 떨어지는 느낌이 들 때 달달한 초콜릿이나 사탕이 도움이 되는 것처럼, 자극과 반응의 자연스러운 메커니즘을 이용하면 생활 속에서 겪는 소소한 문제들을 해결할 수 있다.

바질은 뇌에 자극을 주는 훌륭한 반려식물이다. 일이나 공부에 몰두하다가 무언가 풀리지 않거나 몰입이 되지 않을 때 바질 잎을 가볍게 손으로 비벼 냄새를 맡으면 다시 집중력이 높아진다. 기억하고 집중하는 능력 없이는 공부를 하는 것뿐만 아니라 사랑하는 사람과 추억담을 나누기도 어렵다. '기억은 인생의 다이어리'라는 오스카 와일드의 말처럼 내 소중한 삶의 기록들을 일깨우고 지키는 데 바질 같은 식물은 참 고마운 존재다. 가끔은 커피 대신 바질 잎을 넣은 샤르트뢰즈 칵테일도 즐겨 볼 일이다.

———

해야 할 일이 너무나 많은 사람에게

사랑에 대한 기억, 로즈마리

Rosmarinus officinalis

사이먼 앤드 가펑클*Simon And Garfunkel*의 노래 〈스카버러 페어*Scarborough Fair*〉는 영국 요크셔 지방의 바닷가 작은 마을에서 일 년에 한 번 성대하게 열리는 박람회인 스카버러 페어에 갈 거냐는 물음으로 시작한다. 그곳에 가면 한 여인에게 몇 가지 물어봐 달라는 것인데 후렴구에 파슬리, 세이지, 로즈마리, 타임이라는 네 가지 허브가 등장한다. 영국의 구전가요로 서정적이면서도 심오한 뜻을 내포하고 있다. 그런데 나에게는 그런 의미보다는 네 가지 허브 이름이 감미로운 목소리로 불릴 때, 그 맑은 울림을 타고 허브 향기가 머리와 마음속으로 퍼지는 것 같아 더 인상적이다. 이 곡에서 로즈마리는 두 연인 사이에 오가는 의미심장한 메시지 가운데 사랑과 정절에 대한 기억을 상징적으로 은유하고 있다. 추측하건대 유럽에서 아주 오래전부터 혼인 서약을 영원히 기억한다는 의미로 로즈마리를 사용했던 전통과 연관이 있을 것이다.

더 먼 과거로 거슬러 올라가면 로마 시대 학생들은 머리에 로즈마리 줄기로 엮은 화관을 썼다. 로즈마리는 성스러운 식물로 여겨지기도 했지만 기억력을 좋게 해 준다는 것을 알았기 때문이다. 왠지 집중력을 높여 준다는 헤드셋보다 로즈마리로 만든 머리띠가 더 효과적일 것 같은 느낌이 든다. 셰익스피어의 작품 《햄릿》에서도 오필리아의 대사 중에 햄릿이 자신을 잊지 않길 바라는 마음을 말하며 로즈마리를 언급하는 장면이 있다.

로즈마리는 워낙 오랫동안 사람들에게 사랑을 받아 온 식물이라 얽혀 있는 이야기가 많고 알려진 효능이 다양하다. 또 많은 사람들이 좋아하는 허브라서 흔히 볼 수 있다. 그렇지만 정원에서 로즈마리를 가꾸거나 꽃 시장에서 로즈마리 화분을 구입할 때면 그 특유의 향이 전하는 이국적이면서도 특별한 느낌을 매번 받는다. 사이먼 앤드 가펑클의 노래를 들을 때처럼 익숙하면서도 늘 새로운 느낌으로 다가온다. 로즈마리는 지치고 힘들 때 정신을 산뜻하게 만드는 특유의 향기가 있어 늘 곁에 두고 싶은 식물이다. 이 향기 속에 들어 있는 로즈마린산은 기억과 학습 능력, 불안감과 우울증 해소, 항균 효과,

치매 예방에 탁월한 역할을 한다.

로즈마리의 원산지는 포르투갈, 스페인, 프랑스 같은 지중해 연안 지역이다. 로즈마리라는 이름은 '바다의 이슬'이라는 뜻의 라틴어에서 유래했다. 아마도 지중해 바닷가에 아름답게 피어 있는 파란 로즈마리 꽃을 보고 그런 이름을 붙이지 않았을까 싶다. 로즈마리는 자생지에서는 1미터가 넘는 관목으로 자라며 덤불숲을 이룬다. 로즈마리 향이 가득한 바닷가 풍경은 상상만 해도 로맨틱하다.

제주도에 살 때 아내가 일하던 어린이집 원장 선생님은 마당에 로즈마리를 키우셨다. 마치 그냥 내버려 둔 것처럼 화단 한쪽에서 자라던 그 로즈마리는 키가 허리 높이까지 올라올 만큼 크고 건강했다. 제주도 바닷가 작은 마을이 마치 고향인 지중해인양 편안하게 느껴졌는지도 모르겠다.

로즈마리는 충분한 햇빛, 물이 잘 빠지는 토양, 바람이 잘 통하는 곳이라면 어디든 잘 자란다. 하지만 영하 5도 이하로 떨어지는 바깥에서 겨울을 나는 것은 어렵다. 주로 실내에서 키운다면 햇빛이 최대한 많이 드는 밝은 곳에 두어야 한다. 그런데 실내에 빛이 충분히 들어오지 않는다면 처음 로즈마리를 들일 때 일종의 '햇빛 다이어트'를 시켜 적응 훈련을 하는 것을 권한다.

보통 로즈마리를 재배하는 농장은 아주 밝기 때문에 갑자기 빛이 부족한 실내로 옮기면 스트레스에 시달리다 결국 죽게 된다. 하지만 몇 주에 걸쳐 단계별로 점점 그늘진 곳으로 옮겨 주면 새로 나오는 잎들은 부족한 빛에 적응을 하고 그럭저럭 살아갈 수 있게 된다. 그렇지만 빛을 받는 시간이 여섯 시간이 채 되지 않는다면 인공조명으로 부족한 빛을 보충해 주어야 한다.

물 관리도 매우 중요하다. 물을 너무 많이 주면 수분 과다로 죽게 된다. 내가 예전에 키웠던 로즈마리 대부분이 오래 살지 못했던 이유를 지금 생각해 보면 물을 너무 자주 주었기 때문이었다. 지중해의 여름은 온도가 높고 비가 많이 오지 않는다는 걸 생각해 보면 로즈마리는 더운 날씨와 건조한 환경에 강하지만 물에 잠겨 있는 상태를 잘 견디지 못할 것이라는 걸 짐작할 수 있다. 통풍도 매우 중요하다. 추운 계절에는 어쩔 수 없이 실내에서 키우더라도 여름에는 가능한 한 밖에서 충분한 햇빛을 받고 바람을 쐬는 게 좋다.

로즈마리가 자라는 화분을 물끄러미 바라보고 있으면 살아 있는 고대 유물처럼 성스러운 기운을 내뿜는 듯한 착각이 든다. 로즈마리는 그저 가끔씩 쓰다듬어 향을 맡고 기분을 전환하는 용도로만 치부하기에는 존재감이 큰 식물임에 분명하다.

단순히 보고서를 잘 쓰기 위해 집중력을 높이거나 시험을 잘 보기 위해 기억력을 높이는 수단으로서가 아니라, 삶에서 꼭 기억해야 할 소중한 것들을 떠올리게 하는 힘이 있다. 고대 이래로 로즈마리를 두고 맹세한 연인들의 사랑에 대한 노래와 이야기가 로즈마리의 향기에 실려 그윽하게 전해져 오는 것은 나만의 착각일까.

5

부담 없는 친구가 필요한 사람에게

그저 보고 싶을 때 가끔 얼굴을 보고, 바쁠 땐 한동안 잊기도 하는 친구가 있다. 생일을 꼭 챙겨야 한다거나 무슨 날이면 꼭 만나야 하는 그런 친구가 아닌 정말 아무런 부담이 없는 친구다. 그 친구와 나 사이에는 늘 적당한 거리가 있다. 그런데 오히려 친한 친구보다 더 편하게 느껴질 때가 있고 가끔은 서로에게 큰 도움을 주기도 한다. '나'라는 나무 그리고 '너'라는 나무가 약간의 거리를 두고 서로가 무성히 자라는 모습을 묵묵히 바라봐 주는 것이다.

반려식물 중에서도 그런 친구들이 있다. 나에게 부담을 주지 않지만 가끔씩 행복을 주는 식물이다. 그 식물들에게 꼭 필요한 만큼의 보살핌만 줄 뿐, 평소에는 한동안 잊고 지내기도 한다. 선인장과 다육 식물 종류에 속하는 식물들이 그렇다. 가깝게 지내지면서도 때로는 의도치 않게 일정한 거리를 두게 되는 반려식물이다.

미국 애리조나주에는 사구아로라는 이름의 선인장이 살고 있다. 두 팔을 벌린 모양에 온통 무시무시한 가시로 뒤덮여 있다. 동물들로부터 자신을 보호하고 물이 증발하는 것을 막기 위한 생존 전략이다. 항상 메말라 있는 땅에 비가 내리면 사구아로 선인장은 단시간에 물을 최대한 흡수해 몸속에 저장한다. 이를 위해 뿌리를 깊게 내리기보다는 주변으로 넓게 퍼뜨린다.

사구아로 선인장이 자라는 모습을 보면 그들의 적당한 거리가 참 좋아 보인다. 함께 모여 있지만 얽히고설켜 있지 않다. 두 팔을 벌리고 있지만 부대끼며 싸우지 않는다. 힘든 시기를 함께 보내면서 단비가 내렸을 때 각자 필요한 물을 충분히 빨아들일 수 있는 넉넉한 터전을 나누어 갖는다.

다른 선인장들과 다육 식물들도 메마르고 척박한 땅에서 살아남기 위해 사구아로 선인장과 비슷한 생존 방식을 택했다. 이들을 반려식물로 키우다 보면 그 강인한 생명력에 놀라곤 한다. 오히려 이 반려식물들은 너무 잘해 주려고 하거나 지나친 관심을 쏟는 것을 부담으로 느끼는 것 같다. 늘 한결 같은 모습으로 위안을 주는 식물이다. 내가 이 친구들에게 해 줄 수 있는 것은 단지 하루 종일 밝은 햇빛이 드는 곳에 놓아 주고, 아주 가끔 물을 흠뻑 주는 것이다.

만약 사구아로 선인장의 꽃을 보고 싶다면 몇 가지 알아 두어야 할 것이 있다. 먼저 이들은 꽃을 피우려면 일정한 나이가 되어야 한다. 꽃 시장에서 꽃이 핀 선인장을 구입했다면 일단 그 나이를 지났다는 얘기니 절반은 성공한 셈이다. 이 친구들이 매년 꽃을 피게 하려면 겨울 휴면기를 잘 보내도록 해 줘야 한다. 10도 내외 정도의 약간 서늘하지만 햇빛이 잘 드는 곳에 두고, 물은 거의 주지 않아야 한다.

종류에 따라 정도의 차이는 있겠지만 사구아로 선인장이 원래 자라던 곳의 환경과 날씨를 이해하면 어떻게 기를지 감이 올 것이다. 매일 뜨거운 햇빛이 내리쬐고 아주 드물게 비가 쏟아져 내리는 곳, 언제 그랬냐는 듯 금세 물이 말라 버리는 척박한 땅에 적응한 식물에게 어떤 적합한 환경을 만들어 주어야 할까? 햇빛이 잘 드는 곳에서 물이 잘 빠지는 좋은 흙에 심고 가끔 물을 주는 정도면 더할 나위 없다.

선인장과 다육 식물 같은 반려식물은 이처럼 중요한 몇 가지 원칙만 지켜 주면 '적당한 거리를 유지하며 함께하는' 친구가 될 수 있다. 어떤 식물들처럼 매일매일 상태를 살피게 하거나 조금이라도 잘못 관리하면 곧 문제가 생겨 마음을 졸이게 하지 않는다. 내가 여행을 떠나고 싶을 때 언제든 마음 편히 보내 주는 식물이다. 또 다양한 색, 질감, 모양, 크기로 정원에 생기를 더하는 친구들이다.

욕심이 많지 않은 소박한 친구, 염자

Crassula ovata

큰어머니가 살고 계시는 시골집 작은 마당 한쪽에는 화분들이 옹기종기 모여 있다. 일 년에 한두 번 큰어머니를 찾아뵐 때마다 그 화분에서 자라는 식물을 만난다. 언제나 그 자리에서 잘 자라고 있는 식물들이 연세가 많이 들어 쇠약해지신 큰어머니를 지키며 위로가 되어 주는 것 같아 살짝 감사한 마음이 들기도 한다.

어릴 때는 대가족이 모여 살던 그 집이 아주 커 보였다. 그런데 이제는 큰어머니 혼자 사셔도 그리 커 보이지 않는 작은 집이 되었다. 혼자 살면서 집 주변 텃밭을 관리하는 일도 만만찮을 텐데, 틈틈이 화분까지 가꾸시는 걸 보면 반려식물의 역할은 따로 있는 듯하다. 식물들은 늘 같은 자리에서 말없이 존재하지만 보이지 않는 신호를 보내며 자신을 키우는 사람에게 마음의 벗이 되어 준다.

다행히 큰어머니가 마당에서 키우는 반려식물들은 손이 많이 가는 식물들이 아니다. 그중 염자艶姿가 있다. '아리따운 자태'를 뜻하는 염자는 무얼 많이 해 주지 않아도 부모 속을 썩이지 않고 건강하고 착하게 잘 자라는 아이 같은 식물이다. 큰어머니가 키우는 염자는 학명으로 말하자면 크라슐라 오바타Crassula ovata라는 이름을 갖고 있다. 이들의 고향은 남아프리카공화국 이스턴케이프로 다른 크라슐라 종들도 이곳에 살고 있다.

남아프리카 대륙 최남단에 위치한 남아프리카공화국에서도 가장 남쪽에서 동쪽으로 이어지는 해안선이 염자의 고향이다. 이곳은 돌과 바위가 많은 비탈진 구릉지로 해안가에서 습한 바람이 불어오는 햇빛이 아주 풍부한 곳이다. 남반구인 이 지역은 한여름이 11월부터 4월까지고, 겨울은 보통 4월과 8월 사이로 본다. 여름, 겨울이라 해도 온도가 극단적으로 내려가거나 올라가지 않고 보통 10~25도 사이를 오르내린다.

여름은 비가 잘 내리지 않고 겨울은 비가 자주 내리는 지중해 날씨와 비슷하다. 다만 염자가 사는 곳은 좀더 지대가 높은 내륙이라 해안에 가까운 지역보다는 더 건조하다. 흡사 제주도의 중산간 지역 같기도 하지만 비가 아주 드물고 여름 더위와 겨울 추위도 훨씬 덜한 곳이라고 보면 될 것 같다.

제법 크게 자란 염자는 《어린 왕자》에 나오는 바오밥 나무가 미니어처로 축소된 모습처럼 생겼다. 물이 부족한 곳에서 자라는 식물 같지 않게 잎도 풍성하고 균형이 잘 잡힌 나무처럼 근사한 모습이다. 그래서 분재를 좋아하는 사람들이 처음에 분재를 배울 때 염자를 키우기도 한다.

크라술라는 라틴어로 두껍고 뚱뚱하다는 뜻이다. 늘 푸른 잎은 그냥 초록색이라기보다는 풍부한 비취색에 가깝다. 어린 시절 수녀이신 고모가 선물로 주셨던 푸른색 묵주 알의 영롱하면서도 신비로운 빛깔과 비슷하다고 할까. 그래서 이 식물의 영어 이름은 비취옥을 뜻하는 제이드 플랜트*jade plant*다.

염자가 물이 부족한 환경에서도 싱싱한 모습을 유지하는 데는 나름 비법이 있다. 식물 대부분은 광합성을 위해 낮에는 잎에 있는 미세한 숨구멍을 열고 이산화탄소를 흡수한다. 이 경우 열려 있는 숨구멍을 통해 수분이 날아간다. 그런데 염자는 낮에는 절대로 숨구멍을 열지 않는다. 대신 수분 증발이 많지 않은 밤에 숨구멍을 열고 이산화탄소를 흡수한다. 밤에는 햇빛이 없어서 이산화탄소가 있어도 광합성을 하지 못하는데, 염자는 밤에 흡수한 이산화탄소를 산*acid*의 형태로 바꿔 저장했다가 낮에 다시 이산화탄소로 바꾸어 광합성에 이용한다.

더 놀라운 것은 극도로 건조할 때에는 밤에도 숨구멍을 열지 않고 세포 속에 남아 있는 이산화탄소를 조금씩 아껴 쓰면서 건강을 유지한다는 사실이다. 우리가 아파트나 사무실처럼 건조한 환경에 살면서 촉촉한 피부를 원하는 것처럼, 염자는 잎들이 마르지 않도록 자신만의 특별한 방법을 고안한 것이다. 그래서 염자는 많은 양의 물을 필요로 하지 않고, 아주 건조한 실내 환경에서도 살아남을 수 있다.

또 한 가지, 염자는 일 년 내내 강한 자외선이 내리쬐는 자생지에서 자신을 보호하는 방법도 개발했다. 햇빛이 너무 세면 잎에서 카로티노이드Carotenoid를 만들어 붉은색을 띠게 되는데, 카로티노이드는 엽록소가 흡수하지 못하는 파장대의 빛을 흡수해 강한 빛에 의해 엽록소가 파괴되는 것을 막는다.

염자는 충분한 햇빛만 있다면 걱정할 게 없는 식물이다. 온도는 보통 실내 온도면 적당하고 겨울엔 10도 이하로 떨어지지 않으면 된다. 빛이 많을수록 풍성하게 자라지만 하루에 몇 시간 정도만 햇빛을 쬘 수 있다면 그걸로 족하다.

물은 화분의 흙이 많이 말라 있을 때만 주면 된다. 물을 주고 나서는 화분 받침에 물이 고여 있지 않게 한다. 꽃을 보고 싶다면 늦여름 무렵 낮 동안 햇빛을 충분히 볼 수 있는 곳으로 옮긴 후 비료를 주지 말고 물을 줄인다. 밤에는 완전히 깜

깜해지는 환경이면 좋다. 그러면 겨울이 끝나갈 때쯤 분홍빛이 도는 하얀 꽃들이 수북하게 피어난다.

바람이 많은 남아프리카 바닷가에서 염자의 묵직한 줄기와 잎은 땅에 떨어지기 쉽다. 땅에 떨어진 잎과 줄기들은 금세 뿌리를 내리고 새로운 개체로 자라기 시작한다. 그만큼 번식이 쉽다는 얘기다. 야생에서 염자가 자손을 번식하는 방법을 따라하자면 먼저 잎을 떼어 내고 떨어진 부분의 상처가 잘 아물도록 말린다. 그 뒤 메마른 흙 위에 그대로 놓아두면 끝이다. 한 달 정도 지나면 뿌리가 나고, 곧 잎이 나기 시작한다. 염자는 키우기 쉽고 생명력이 강하며, 언제나 싱그러운 모습으로 듬직하게 자리를 지켜 준다. 느리지만 충실하게, 자신에게 주어진 물과 햇빛을 최대한 절약하여 멋진 삶을 일궈 내는 행복한 식물 친구다.

아버지에 대한 기억, 백도선선인장

Opuntia microdasys var. albispina

부담 없는 친구가 필요한 사람에게

주변에 선인장을 좋아하시는 분들이 참 많다. 한자어로 된 품종도 줄줄 꿰고 있고, 어떻게 기르면 되는지 경험도 풍부하다. 나는 개인적으로 선인장을 아주 좋아하는 편은 아니지만 개중 좋아하는 종류가 몇 가지 있다. 백도선선인장이 그중 하나다.

　　백도선선인장을 좋아하게 된 건 아버지의 영향이 크다. 어느 날 아버지는 누군가가 키우기를 포기하고 길가에 버린 화분에 쓰러져 있던 백도선선인장을 몇 줄기 가져다가 새로운 화분에 심으셨다. 전에도 그렇게 심어 놓았던 게 아주 잘 자랐다고 하시며, 약간 마르고 길쭉해진 줄기들을 화분에 어떻게 배치해야 예쁠지 신경을 쓰셨다. 전에는 볼 수 없던 아버지의 그런 모습이 낯설었지만 참 좋아 보였다.

　　흔히 남자는 나이가 들면 남성 호르몬이 줄어들어 점점 여성스러워지고 섬세해진다고 한다. 남성미가 흐려지고 약해지시는 건 안쓰럽지만 반면 이렇게 소소한 행복에 대한 감수성이 높아진다는 건 상당히 고무적인 일인 듯하다.

　　백도선선인장은 줄기가 새로 나올 때 납작하고 동그란 패드처럼 생긴 모양이 토끼 귀처럼 생겨서 해외에서는 '토끼귀선인장 *bunny ears cactus*'이라 불린다. 또 '천사의 날개*angel wings*'라는 이름도 갖고 있다. 꽃 시장에 가면 다양한 색과 모양의 선인장과 다육 식물이 즐비하다. 그중 백도선선인장은 볼 때마다 귀엽기 그지없다. 토끼털 같은 보송보송한 잔가시들이 납작한 줄기를 덮고 있는 모습은 영락없이 토끼 인형을 닮았다. 또 한가지 좋은 점, 백도선선인장은 억센 가시가 없다.

내가 선호하는 백도선선인장은 흰색 품종이지만 원래 노란빛을 띠는 종이 원종이다. 백도선 선인장은 멕시코 중부와 북부에 걸친 사막 기후대 출신이다. 이곳은 매우 건조하고 햇빛이 강하게 내리쬐는 곳으로 강수량이 일 년에 250밀리미터 정도에 불과하다. 아주 드물게 비가 내릴 때마다 백도선선인장은 그 물을 한껏 빨아들여 몸속에 저장해 두고 척박한 사막의 삶을 살아간다. 자연 상태에서는 높이 1미터 가까이 자라면서 덤불숲 같은 군락을 넓게 이룰 정도로 생존력이 강하다. 사막의 잡초 같다고나 할까. 여름엔 뙤약볕에서 40도를 훌쩍 넘기는 날씨를 견디고, 겨울에는 10도 가까이 떨어지는 서늘함 속에서 살아간다.

이렇게 메마른 환경에서 사는 식물이다 보니 백도선선인장은 아파트처럼 건조한 환경에 적응하기에 아주 좋은 체질을 타고났다. 단, 백도선선인장에게 꼭 해 줘야 할 두 가지 조건이 있다. 첫째, 풍부한 햇빛이다. 특히 봄부터 여름까지 최대한 많은 햇빛을 받을 수 있도록 해 주어야 한다.

부담 없는 친구가 필요한 사람에게

둘째, 늦가을부터 겨울에는 약간 춥게 해 주는 것이다. 10도에서 18도 사이를 오가는 온도면 딱 적당하다. 이렇게 추운 시기를 지내야 또 건강하게 한 해를 보낼 수 있다. 만약 그렇지 않고 난방기 주변이나 항상 따뜻한 실내에서 겨울을 나게 되면 이듬해에 생육이 매우 안 좋을 수도 있고 꽃도 피지 않는다. 가능한 한 멕시코 사막 같은 자연 상태의 리듬을 따라 살게 해 주는 것이 좋다.

처음 이 식물을 키울 때 겨울 동안 물도 안 주고 추운 곳에 놓아두니 회색빛으로 말라 가며 상태가 나빠졌다. 봄에 온도가 올라갈 때 다시 물을 주니 때깔도 좋아지고 새싹이 나기 시작했다. 식물을 키우는 일은 어느 정도 믿음을 갖고 기다리는 인내심이 필요하다. 꾸준히 관심의 끈을 놓지 않고 지켜보면서 너무 늦지 않게 제때 필요한 걸 제공해 주고, 이런 경험을 통해 깨닫는 과정의 반복이다. 그 식물의 생리와 원래 자라던 환경에 대한 이해는 필수다.

백도선선인장은 번식이 아주 쉽다. 동그란 패드처럼 생긴 줄기를 칼로 잘라 내고 며칠 동안 말린 뒤 선인장 용토에 꽂아 주면 된다. 선인장 전용 용토가 없다면 일반적인 원예 상토와 모래를 반반씩 섞고 여기에 코코피트를 약간 혼합해 주면 좋다. 심은 뒤에 바로 물을 주지 않고 대략 일주일 정도 지나고 나서 주는데, 마른 흙 속에서 잘린 부위의 상처가 아물기를 기다려야 하기 때문이다.

백도선선인장의 뿌리는 얕기 때문에 화분은 그리 깊을 필요는 없고 물이 잘 빠지는 종류가 좋다. 토분은 흙에 남아 있는 수분을 빨아들여 밖으로 증발시켜 주므로 선인장 화분으로 그만이다.

솔직히 말하면 백도선선인장 같은 선인장 종류의 반려식물은 집이나 사무실에서 키우면서도 살짝 미안한 마음이 든다. 내가 해 준 거라고는 햇빛이 잘 드는 창가에 놓아두고 아주 가끔 물을 준 것뿐인데 꿋꿋하게 잘살아 주니 미안하지 않을 수 없다.

게다가 겨울에는 평소보다 더 물을 주지 않고 적당히 서늘한 곳에서 쉬게 해 주면 되니 이보다 부담 없는 친구가 있을까 싶다. 장기간 집을 비우고 멀리 여행을 다녀와야 할 때도 전혀 걱정할 게 없다. 여행을 마치고 오랜만에 집에 돌아왔을 때 새하얀 털이 보송보송한 백도선선인장이 여전히 건강한 모습으로 반기고 있을 땐 살짝 가슴이 짠하다. 많은 것을 해 주지 않아도 늘 웃음을 잃지 않고 좋은 관계를 유지할 수 있는 부담 없는 친구임에 분명하다.

왕실의 식물, 알로에

Aloe vera

딸아이가 초등학교에 다닐 때 바자회에서 화분을 사왔다. 그 또래면 용돈을 아껴 예쁜 머리핀이나 팬시용품을 사는 것을 더 좋아할 텐데 식물을 구입한 것이 의아했다. 딴에는 어버이날 즈음해서 엄마, 아빠에게 줄 선물을 마련하고자 한 기특한 마음이었다. 작은 화분 속에 자라고 있는 식물은 아주 어린 알로에 두 포기였다. 알로에가 장차 크게 자라기에는 턱없이 작은 화분이었지만 딸아이 손에 들려 있던 그때 그 순간엔 더없이 보기 좋았다.

식물원에서 아주 커다란 알로에를 키워 본 적은 있지만 그렇게 작고 앙증맞은 미니 버전은 처음이었다. 집 안 탁자 위에 놓고 보니 곱상한 화분에 담긴 알로에가 참 분위기 있어 보였다. 거대한 식물원의 온실 정원에서 다른 식물들과 함께 군락을 이루며 자라는 알로에와는 다른 느낌이었다. 원래 고향인 아프리카의 건조한 사막에서 자라는 모습과는 더더욱 달랐다.

알로에의 원래 고향은 아라비아 반도다. 이후 북아프리카 대륙의 수단, 모로코 같은 나라로 넓게 퍼져 귀화하였다. 알로에가 자라는 곳은 햇빛이 많고 비가 거의 오지 않는 건조한 사막이다. 이런 척박한 곳에서도 알로에는 백 년 가까이 살아간다.

기원전 수천 년 전부터 알로에를 이용한 기록이 남아 있다.

즉 알로에는 아주 오래전부터 인간이 가까이 두고 재배한 쓸모 있는 식물들 가운데 하나였다. 고대 이집트의 여왕 클레오파트라도 미용을 위해 알로에 겔을 즐겨 사용했다고 하니 지금 우리가 알고 있는 알로에의 효과는 그 당시에도 잘 알려진 것이다. 아무것도 살 것 같지 않은 메마른 땅에서 자라는 식물이 '영원의 식물,' '왕실의 식물,' '젊음의 분수' 같은 별명을 가질 정도로 귀한 사랑을 받았으니 예사 식물은 아니다.

딸아이가 선물해 준 알로에는 내가 가장 아끼는 식물 중 하나가 되었다. 많은 식물들이 왔다가 사라지는 운명에 처하는 와중에도 알로에는 꿋꿋하게 살아남았다. 우리 집 반려식물 커뮤니티에서 만년 과장 같은 존재랄까.

알로에에게 가장 중요한 건 배수가 잘되는 흙과 화분이다. 식물을 잘 키우지 못해 매번 실패하는 사람들도 알로에를 죽이기는 쉽지 않다. 만약 알로에의 상태가 안 좋아졌다면 이유는 단 한 가지, 물을 너무 많이 주었다는 것이다. 아주 조금씩 물을 주었다고 해도 경우에 따라 알로에 뿌리를 썩게 한 원인이 된다. 물을 주면 곧바로 화분 배수구로 물이 빠져나가야 한다. 그래서 펄라이트나 모래 종류가 많이 섞여 있는 토양이 좋다.

알로에는 뿌리가 깊지 않고 잎들이 무거워서 쉽게 쓰러진다.

그래서 화분은 얕고 넓은 종류를 선택하는 게 좋다. 화분 표면을 통해 물이 잘 증발되고 묵직하기도 한 토분을 추천한다. 아무리 건조한 곳에 사는 식물이라 해도 봄과 여름에 온도가 높고 햇빛이 많을 때는 흙이 마를 때마다 흠뻑 물을 주고, 가을과 겨울에 온도가 낮고 햇빛이 부족할 때는 물을 거의 주지 않아도 된다.

집에서 키우는 알로에 대부분이 뿌리 과습으로 죽는다는 사실을 감안하면 차라리 물을 주는 것을 거의 잊고 지내는 편이 나을지도 모른다. 그러다가 가끔 생각이 나면 화분의 흙을 만져 보고, 속까지 메말라 있다면 그때 한 번씩 흠뻑 주면 되는 것이다. 자꾸 물을 주고 싶은 충동이 생길 때마다 알로에는 물한 방울 찾기 힘든 사막에서 살아가도록 진화했다는 점을 떠올리자.

알로에는 정말 목이 마르면 잎들이 좀 얇아지면서 자신의 상태를 알린다. 그 동안은 자신의 잎 속에 저장된 물을 사용하며 연명한다. 알로에 잎 속에 꽉 들어찬 젤의 95퍼센트가 물로 이루어져 있으니 가능한 일이다.

알로에는 건조한 환경에 매우 강한 것 외에도 참을성이 많은 친구다. 뜨거운 사막 출신답게 여름엔 아주 높은 온도에서도 살아갈 수 있고, 의외로 겨울 추위에도 강해 5도까지는 견여 낸다. 빛이 조금 부족해도, 다른 일에 바빠 신경을 덜 써도 크게 불평하지 않는다. 흙이 바짝 마른 지 오래되었거나, 너무 춥거나, 빛이 많이 부족하면 잎이 약간 불그스름해지고 납작해지는 정도로 불편함을 나타낸다. 이런 상황도 더 견디며 좋은 날이 오기를 기꺼이 기다린다.

오랫동안 알로에를 키우다 보면 어느 순간 밑에서 작은 싹들이 올라오는 것이 보인다. 펍*pup*이라고 부르는 새끼 식물이다. 그냥 어미 식물과 같이 키워도 좋은데 너무 많이 자라 화분이 꽉 찬 느낌이 든다면 싹을 밑줄기에서 떼어 내 다른 화분으로 옮겨 준다. 바로 물을 주면 썩을 수 있으므로 일주일 정도 기다렸다가 물을 준다.

언젠가 미간 바로 옆 눈썹이 시작되는 부분에 사마귀가 난 적이 있다. 처음엔 여드름인 줄 알았는데 짜지지도 않고 불그스름하게 커지더니 점점 굳어 버렸다. 병원에 가는 게 싫어 인터넷으로 민간요법을 알아보았다. 그러다 알로에가 사마귀에 좋다는 내용을 발견하고 집에서 키우는 알로에 잎을 하나 잘라 즙을 짜내어 열심히 발랐다. 직접 키운 알로에 잎에서 겔을 추출해 써 본 것은 처음이었다. 나름 참신한 시도였지만 아쉽게도 사마귀는 작아지지 않았다.

비록 사마귀에는 큰 효과가 없을지 몰라도 알로에가 가벼운 화상이나 살짝 베인 상처를 치료하는 데 아주 좋다는 것은 널리 알려진 사실이다. 알로에는 미국항공우주국NASA이 선정한 공기 정화 식물 목록에 포함될 만큼 실내의 나쁜 오염 물질을 흡수하고 맑은 산소를 내뿜어 준다. 다른 식물과 함께, 혹은 알로에 화분을 여러 개 기르면 천연 공기청정기 역할을 톡톡히 한다. 집을 오랫동안 비워도 늘 쌩쌩하게 건강하고, 물과 거름을 거의 주지 않아도 이렇게 선행을 베풀어 주니 착한 충신이 따로 없다.

부담 없는 친구가 필요한 사람에게

6

자존감을 높이고 싶은 사람에게

대학원 시절 지도 교수님이 가끔 학생들을 집으로 초대하고 저녁을 대접해 주셨다. 정성껏 준비한 음식을 먹으며 대화를 나누는 즐거움이 컸지만 교수님이 직접 기르는 식물을 보는 것도 참 좋았다.

　교수님은 특히 난꽃을 좋아하셨는데 이동식 선반에 여러 종류의 난 화분들을 놓고 기르셨다. 이동식 선반을 사용하는 이유는 난꽃들이 늘 적절한 빛을 받을 수 있도록 수시로 위치를 바꿔 주기 위해서다. 난꽃들을 하나하나 소개하며 어디서 구했는지, 이름은 무엇인지, 어떤 특징이 있는지 이야기를 들려주실 때면 학교에서 강의할 때보다 표정이 더 밝고 눈빛이 빛나는 것 같았다. 자신이 아주 소중히 여기는 것에 대한 사랑과 자부심이 느껴졌다.

꽃을 좋아하는 사람들은 이 좋은 것을 혼자만 즐기는 것이 아니라 좋아하는 사람들과 함께 나누고픈 마음이 크다. 특히 귀한 꽃을 어렵게 키워 냈다면 그 마음은 더 클 것이다. 난꽃은 반려식물을 키우며 좀더 자부심을 갖고자 하는 사람들에게 아주 적당한 식물이다.

난꽃은 지구상에 자라고 있는 식물들 가운데 가장 종류가 많은 과*family* 중 하나다. 거의 모든 대륙에 퍼져 살고 있지만 열대 지방에 가장 많이 분포한다. 난꽃이 특별한 이유 몇 가지가 있다. 먼저 난꽃은 곤충 같은 동물을 자신의 꽃가루받이에 적극적으로 이용하기 위해 꽃의 모양을 특별하게 진화시켰다. 꽃은 정확히 좌우 대칭이고, 꽃잎 하나가 곤충들이 착륙장 역할을 하도록 입술 모양으로 젖혀 있다. 곤충들에게 난꽃의 화려한 색깔과 모양은 거부할 수 없는 치명적인 유혹이다.

기발하게도 각각의 난꽃은 자신이 타깃으로 삼은 특정 곤충의 모양을 본떠 꽃을 진화시켰다. 한 예로 꿀벌난초라고 불리는 난꽃은 암벌을 아주 쏙 닮았다. 건강한 수벌이 이 꽃을 그냥 지나치기란 매우 어렵다.

수벌은 암벌처럼 생긴 꿀벌난초의 꽃에 앉아 교미를 시도한다. 꿀벌난초의 꿀샘에서 암벌의 페로몬과 똑같은 냄새까지 풍기니 수벌은 이 꽃을 암벌이라고 믿지 않을 수 없다. 결국 헛수고로 끝나는 이 해프닝 동안 수벌의 머리에는 꿀벌난초의 꽃가루 덩어리가 묻게 되고 이 수벌은 또 다른 꿀벌난초에 가서 같은 행위를 반복하면서 꽃가루받이가 이루어지도록 돕는 것이다.

생물 다양성이 풍부한 야생에서 살아남으려면 그만큼 경쟁력이 있는 무언가가 필요하다. 난꽃이 선택한 방식은 자신을 찾아와 줄 특정한 곤충이나 동물의 모양을 본떠 꽃을 피워 내는 것이다. 적어도 그 곤충이 멸종하지 않는 한 계속해서 자손을 퍼뜨리며 살아갈 수 있다. 그래서 자신의 꽃가루받이를 도와줄 곤충들을 유혹하기 위해 난꽃은 그 어떤 꽃보다 자신의 꽃을 더 돋보이게 하는 데 노력을 아끼지 않았다.

반려식물로 키우는 난꽃이 매년 꽃을 피우게 하려면 특별한 관리가 필요하다. 가령 어떤 기간은 집중적으로 밝은 빛을 많이 받게 해 줘야 하고, 적절한 때 분갈이를 해 주고 묵은 뿌리를 정리해 줘야 한다. 동양란과 서양란이 다르므로 각 품종에 맞는 관리법을 공부해서 최적의 환경을 마련해 주는 것이 좋다.

난꽃은 보통 수분을 뿌리에 저장하기 때문에 물을 과하게 주면 뿌리가 갈색으로 변하면서 썩는다. 뿌리가 녹색을 띤다면 수분이 충분하다는 표시고, 은빛 또는 회색으로 변하면 말라 가고 있다는 신호다.

꽃 시장에 가면 난꽃의 유혹을 떨치기 힘들다. 호접란, 심비디움, 카틀레야 같은 난이 한창 꽃을 피우고 있으면 한두 포기쯤은 꼭 사고 싶은 마음이 든다. 백화점에서 아이쇼핑을 하다가 맘에 드는 옷이나 신발을 발견했을 때 몹시 고민하게 되는 상황과 비슷하다. 집에 쓸 만한 게 잔뜩 있는데 또 새것이 사고 싶은 마음이 드는 것처럼 나에겐 꽃이 그렇다.

갖가지 모양과 색깔의 난꽃을 보고 있으면 자신이 정한 특정한 존재만을 위해 특별한 꽃을 피워 내는 자기 주관이 확실한 꽃이라는 생각이 든다. 난꽃을 반려식물로 키우면 난꽃이 가진 지조와 절개, 자신을 소중히 여기는 성품을 배울 수 있다. 난꽃을 오래 키우다 보면 나도 난꽃의 고귀함을 닮아 갈 것 같다는 생각이 든다. 남에게 굽히지 않고 자기의 품위를 스스로 지키는 마음이다. 반려식물과 함께 자존감을 높이고 싶다면 난꽃 키우기에 도전해 볼 일이다. 결코 다른 반려식물보다 키우기 쉽지 않지만 그만큼 성취감이 크고 특별한 재미로 가득하다.

난을 키우는 또 다른 즐거움은 다른 사람과 함께 감상하기 좋다는 점이다. 나의 지도교수가 그랬듯 난꽃이 필 무렵 친구들을 초대해 작은 파티를 열어도 좋고, 지인들과 함께 난 전시

회를 방문해도 즐겁다. 또 집 안 인테리어에 잘 어울리는 색깔과 크기의 난꽃들을 곳곳에 배치하면 독특하면서 품격 있는 분위기를 연출할 수 있다. 난꽃은 데코레이션 이상의 효과가 있다. 난꽃이 있는 공간에 들어오는 사람들은 난꽃을 보는 순간 긍정의 감정을 갖게 되고 더 따뜻하게 환영받는 느낌과 뭔가 함께 나누고자 하는 마음을 갖게 된다.

꽃이 피는 기간도 생각보다 길다. 선물로 받은 꽃다발은 화병에서 일주일을 넘기기 어렵지만 난꽃은 품종에 따라 두세 달 이상 꽃을 볼 수 있기도 하다. 그리고 관리만 잘해 주면 다음에 또 꽃을 피운다. 정성스럽게 잘 키운 난꽃이 포기가 늘어나면 친구들에게 분양해 줄 수 있다. 좋은 것을 나만 즐기는 게 아니라 좋아하는 사람들과 함께 나누는 것이다. 그럴 때 나 자신이 자랑스럽고 스스로 참 잘했다는 생각이 든다.

난꽃의 여왕, 카틀레야

Cattleya spp.

자존감을 높이고 싶은 사람에게

식물원 온실을 담당하면서 난꽃의 매력에 흠뻑 빠진 적이 있다. 난꽃은 한해살이 꽃 종류나 야생화 등 다른 실내 식물과는 완전히 다른 특별한 매력이 있다. 꽃의 화려함은 둘째로 치고 군더더기 없이 깔끔하게 자라는 모습이 아름다움을 넘어 고귀하기까지 하다.

카틀레야는 난꽃의 여왕이라고 알려져 있다. 그 명성에 걸맞게 카틀레야 꽃은 금세 시선을 사로잡는다. 중심부에 있는 입술처럼 생긴 꽃잎이 너무 길거나 꽃받침이 필요 이상으로 벌어지지도 않고 큼직한 꽃잎들이 보기 좋게 균형을 잡고 있다. 원래 오리지널 카틀레야는 보라색과 흰색이 주된 색상인데 지금은 온갖 색상의 카틀레야 품종들이 있다.

미니어처 버전으로 꽃이 작게 피는 품종이 있는가 하면, 멀티플로라 계통은 줄기마다 서너 개의 꽃을 피우며 연중 여러 번 개화한다. 좀 고지식한지 모르겠지만 난 오리지널이 더 좋다. 오리지널에서 파생된 꽃들이 더 화려하고 실용적일지 몰라도 원조가 지니고 있는 아우라를 온전히 느끼긴 어렵다. 신당동 원조 떡볶이 집이나 TV 프로그램 〈히든싱어〉의 원조 가수 같은 느낌이랄까.

카틀레야 꽃은 너무나 귀한 모습으로 피다 보니 그 꽃을 정원에 전시할 때도 조심스럽다. 이동할 때 행여 꽃잎에 작은 상처라도 나지 않을까 잎과 함께 주변을 잘 감싸고 꽃이 매달릴 위치도 너무 좁지는 않은지, 다른 식물과 간섭이 있지는 않은지 꼼꼼히 손본다.

카틀레야의 고향은 아메리카 대륙이다. 좀더 자세히 말하자면 중부와 남부에 걸친 열대 정글이다. 이곳은 일 년 내내 따뜻하고 비가 많이 내려 습하다. 다른 나무에 붙어 자라는 착생 식물이라서 햇빛은 나뭇잎에 가려진다.

카틀레야를 난꽃의 여왕이라고 부르지만 초심자들이 키우기에 아주 까다롭지는 않다. 하지만 온도와 습도는 어느 정도 맞춰 줘야 한다. 밤 온도는 15도 이상 낮 온도는 20도 이상 유지되게 한다. 습도는 50퍼센트 이상으로 높은 환경을 좋아한다. 빛은 직사광선이 아닌 밝은 간접광을 좋아한다. 너무 빛이 세면 잎이 아주 짙은 초록색을 띠게 된다. 열대 우림의 나무에 붙어 자라는 카틀레야의 모습을 상상해 보면 이해가 쉽다.

카틀레야를 심을 화분은 15~20센티미터 정도의 크기가 적당하다. 무엇보다 배수가 잘되어야 한다. 화분에 구멍을 추가로 더 뚫어 주는 것도 하나의 방법이다. 화분 받침대에는 반드시 물이 고이지 않게 주의를 기울여야 한다. 토양은 난 전용 재배 용토를 사용하거나 바크와 코코피트를 섞어 사용한다.

화분을 사용하지 않고 기르는 방법도 있다. 헤고라고 불리는 나무고사리 줄기에 뿌리줄기를 잘 붙여 놓으면 자생지와 비슷한 느낌으로 연출이 가능하다. 화분에서 키우는 것보다 매달려서 자라게 하면 이국적인 느낌을 살리기 좋다.

카틀레야는 봄에 쑥쑥 자라 초여름이면 꽃이 핀다. 특히 이 시기에는 많은 양의 빛이 필요하다. 하얗게 새로운 뿌리가 자라면 분갈이를 해 달라는 신호다. 보통 삼 년에 한 번 정도면 충분하다. 가끔씩 달팽이가 잎에 해를 줄 수도 있지만 손으로 쉽게 제거할 수 있는 수준이다.

열심히 보살핀 카틀레야가 꽃을 피우면 반려동물이 새끼를 낳은 것처럼 기쁘다. 내 손으로 직접 키워 피운 꽃이기에 더 소중하다. 나 아닌 다른 존재에 쏟은 정성이 꽃으로 맺혔을 때 자신에 대한 믿음은 더 강해진다. 이런 경험이 많아질수록 내 얼굴엔 점점 책임감과 자부심이 섞인 묘한 미소가 스며든다. 살아가면서 뜻대로 되지 않는 일들로 스트레스가 쌓여 갈 때, 나의 뜻과 노력이 온전히 결실을 맺는다는 건 크나큰 기쁨이 아닐 수 없다. 그렇게 피워 낸 꽃을 사랑하는 사람들과 함께 나눌 때 그 기쁨은 배가 되고, 반려식물을 기르는 참 매력은 나눔에 있다는 걸 깨닫게 된다.

숲속에서 자라는 보석, 보석란

Ludisia discolor

   난꽃 박람회에 갔다가 직판장에서 특이한 잎을 발견했다. 조화가 아닌가 싶어 자세히 보았는데 분명 살아 있는 식물이었다. 그 잎은 벨벳 같은 질감에 색깔도 아주 오묘했다. 자줏빛이 도는 짙은 밤색 잎에는 금빛과 붉은빛이 섞인 선명한 줄무늬가 있었는데, 빛이 비치는 방향에 따라, 보는 각도에 따라 색감이 미묘하게 바뀌었다. 언뜻언뜻 드러나는 짙은 청록빛은 이렇게 어두운 색의 잎에도 엽록소가 들어있다는 걸 암시할 뿐이었다.

   처음엔 이 식물이 그저 다른 난꽃들을 돋보이게 하기 위한 용도로 놓인 관엽 식물이라고 생각했다. 그런데 알고 보니 이 식물은 엄연히 난의 일종이었다. 난꽃인데 잎까지 귀태가 흐르는 모습이라니! 나는 주변에 커다랗게 전시된 화려한 난꽃들을 뒤로하고, 무엇에 홀린 듯 그 작은 화분을 카트에 담았다.

이 식물의 이름은 주얼 오키드*jewel orchid*, 보석란이라고 불린다. 말레이시아와 태국을 비롯한 동남아시아 지역의 열대림에서 자란다. 그곳은 일 년 내내 무덥고 많은 비가 내린다. 큰 나무들의 잎들로 뒤덮여 숲의 바닥층에는 항상 짙은 그늘이 드리워져 있다.

열대림에서 자라는 난꽃들은 다른 나무나 바위틈에 붙어 공중에 매달린 채 자라는 것을 선호한다. 그런데 보석란은 그렇지 않다. 숲 바닥에 떨어진 잎들이 쌓이고 쌓여 만들어진 부엽과 비옥한 흙이 섞인 부드러운 토양에서 싹을 틔우고 자란다. 온갖 동식물들이 공존하는 열대림에서 식물들은 서로 더 많은 햇빛과 영양분을 차지하기 위해 경쟁한다. 또 자신의 꽃가루받이를 도와줄 곤충과 동물을 유혹하기 위해 더 화려하고 독특한 자태로 피어난다. 이렇게 다들 바쁘게 살아가는 와중에 보석란은 깊은 바다의 심해어처럼 낮고 어두운 곳에서 조용히 살아간다. 쉽게 눈에 띄진 않지만 가까이서 보면 누군가가 숲속에 떨어뜨린 보석처럼 아름답다.

예쁜 유리 화병에 보석란을 심은 화분을 넣어 놓으면 범상치 않은 매력이 철철 넘친다. 사람의 손길이 닿지 않은 원시림이 고향이지만 역설적이게도 가장 모던한 느낌이 난다. 보석란은 까탈스럽지 않아 우리가 많은 시간을 보내는 실내 공간의 온도와 빛에 잘 적응한다. 직사광선이 아닌 밝은 빛을 좋아하지만 좀 더 어두운 곳에서도 잘 자란다. 다만 햇빛을 직접 쐬면 마법이 사라지듯 잎의 오묘한 빛깔이 사라진다. 그 이유는 깊은 숲 그늘에서 자라면서 햇빛에 노출되는 일이 거의 없었기 때문이다.

보통 다른 난꽃들을 키울 때는 난석이나 바크를 재료를 사용한다. 하지만 보석란은 일반적인 원예 용토를 이용해 키울 수 있다. 보석란은 살짝 촉촉한 토양을 좋아하는데 너무 오랫동안 흠뻑 젖어 있으면 뿌리가 썩기 때문에 화분 받침에 고인 물은 바로 비우도록 한다. 공중 습도는 열대림처럼 항상 높은 습도를 유지하는 게 좋다.

어떤 카페 화장실에 보석란이 놓여 있는 것을 보고 반가워했던 적이 있다. 어쩌면 보석란은 우리가 사는 공간 중에서는 공기 중에 늘 수증기가 많고 낮에는 따뜻하며 밤에는 약간 서늘한 욕실을 가장 좋아할지도 모른다. 화장실 분위기를 그렇게 세련되게 만들 수 있는 소품이 또 있을까.

이름만 들으면 보석란은 아주 귀한 식물처럼 여겨지지만 의외로 번식하기가 아주 쉽다. 한쪽 옆에서 자라는 촉을 잘라 새 화분에 심고 토양을 촉촉하게 관리해 주면 쉽게 뿌리를 내린다. 한창 자라거나 꽃이 필 때는 한 달에 두어 번 정도 액체 비료를 주면 좋다. 매년 화분의 흙을 갈아 주면 건강하게 키울 수 있다.

보석란은 보면 볼수록 매우 아름답고 섬세한 매력이 있다. 난꽃 컬렉션이 나에게 특별한 자부심을 느끼게 해 준다면, 보석란도 그에 빠지지 않는다. 오히려 난꽃에 관한 모든 규칙을 깨는 특별한 가치가 있다. 흔한 흙에서 자라면서도 제법 난꽃다운 꽃을 피워 주고, 꽃이 진 다음에는 꽃보다 더 아름다운 벨벳 같은 잎으로 즐거움을 준다. 그래서 언제든지 누군가에게 소개하고 싶은 반려식물이다.

주위를 밝게 하는 친구, 호접란

Phalaenopsis spp.

함께 있는 것만으로 분위기를 밝게 만드는 친구가 있다. 그 친구의 얼굴, 몸짓, 목소리 톤은 여럿이 함께 있는 자리를 더 빛나게 한다. 아무리 칙칙하고 썰렁함으로 가득한 분위기라도 금세 무장 해제시키는 마력이 있다. 그렇다고 다른 친구들이 마음에 들지 않는다는 얘기는 아니다. 그 친구와 함께하면 더 기분이 좋고 재미있다는 뜻이다.

반려식물 가운데 호접란이 바로 그런 역할을 한다. 집 안 곳 곳에 내가 좋아하는 식물들이 많이 자라고 있지만 호접란이 꽃을 피우면 분위기가 한층 고조되고 다른 식물들도 덩달아 생기가 넘친다. 이렇게 성실하게 잘 자라는 식물들 사이에서 화룡점정으로 피어난 호접란 꽃이 근사한 장면을 완성한다. 특별한 날에 많이 선물하는 꽃이라 그런지 집에서 키우는 호접란이 꽃을 피우면 나에게 특별한 일이나 축하할 일이 생긴 것처럼 마음이 들뜬다.

호접란의 고향은 타이완, 필리핀, 말레이시아 같은 동남아시아 지방의 열대림이다. 이곳은 일 년 내내 따뜻해 겨울에도 최저 온도가 18도 이상으로 유지된다. 비는 여름에 집중적으로 많이 내리고 겨울에는 훨씬 적게 내린다. 또 열대의 태평양에서 불어오는 바람으로 항상 습도가 높다. 이런 곳에서 호접란은 땅에서 자라지 않고 다른 나무에 붙어 자란다. 길고 하얀 뿌리들이 줄기를 단단히 끌어안은 채 커다란 잎들을 펼치며 살아간다. 마치 작고 귀여운 요정들을 보호하는 숲의 정령들처럼 주변에 키 큰 나무들이 무성한 잎으로 강한 햇빛을 막아 주고 그늘을 드리워 준다.

호접란이 꽃을 피우면 나비들이 날개를 펴고 나무줄기 주변을 날아다니는 모습이 상상된다. 영어로는 모스 오키드*moth orchid*라고 하는데 아마 처음 이름 붙인 사람이 호접란을 보고 꽃 모양이 나비가 아니라 나방을 닮았다고 생각한 모양이다. 호접란의 뿌리는 나무껍질에 붙어 노출되어 있는데 이 뿌리로 빗물을 빨아들여 저장하고, 공기 중에 떠다니는 수분과 양분을 흡수해 먹고산다.

호접란이 좋아하는 환경과 사람이 사는 실내 공간은 많이 다르지만 다행히 온도만큼은 어느 정도 비슷하다. 여름엔 덥고 겨울엔 약간 서늘하다고 느끼는 정도의 온도다. 여기에 낮과 밤의 온도차가 4~5도 정도 난다면 거의 완벽하다. 밝은 창가에 호접란 화분을 올려놓고 온도가 높은 여름에는 자주 물을 주고, 겨울에는 드물게 물을 준다. 자연스럽게 우기와 건기가 반복되는 자생지의 리듬을 만들어 주는 것이 핵심이다.

이러한 리듬은 꽃이 피는 주기를 결정하기 때문에 매우 중요하다. 겨울부터 늦봄까지 한껏 꽃을 피운 호접란은 여름을 맞으면 다시 에너지를 충전하고 새잎을 만든다. 그 후 선선한 가을이 되면 충분히 컨디션을 회복한 상태에서 새로운 꽃눈을 만들어 낸다. 실내 환경은 온도가 일정하기 때문에 가을부터는 베란다나 창가처럼 약간 서늘한 곳에 두면 꽃눈이 잘 만들어진다. 단, 최저온도가 15도 이하로 떨어지지 않는 곳이어야 한다.

물은 일주일에 한 번 정도 미리 받아 놓은 물을 주고, 두 번 줄 때 한 번은 비료가 섞인 물을 준다. 물을 주고 나서 화분 받침에 물이 고여 있으면 뿌리가 썩을 수 있으므로 주의한다. 몇 해 전 국내에서 열린 플라워쇼에서 본 호접란 전시는 충격적이었다. 엄청난 수의 호접란 화분을 공중에 매달아 꽃 터널을 만들었는데, 물을 담은 투명한 플라스틱 용기 속에 호접란

뿌리를 담가 놓은 것이었다. 아마 일회성 전시로 생각하고 쉽게 만든 것이겠지만 호접란들이 물속에 뿌리를 담근 채 얼마나 괴로워할지 생각하니 마음이 좋지 않았다.

호접란 화분은 공기가 잘 통해야 한다. 자생지에서는 뿌리가 공중에 그대로 노출되어 있다는 점을 상기하면 어떤 화분을 준비해야 할지 감이 올 것이다. 너무 크지도 작지도 않은 완두콩만 한 크기의 바크를 사용하고 적당한 수분 유지를 위해 수태를 약간 섞어 주면 좋다. 너무 큰 화분보다는 뿌리가 약간 꽉 끼는 화분에서 잘 자란다.

호접란을 잘 키우려면 열대림처럼 높은 습도를 유지하는 것이 관건인데, 화분 받침대에 자갈을 깔고 물을 부은 뒤 그 위에 호접란 화분을 올려놓으면 어느 정도 주변 공기의 습도가 보충된다. 간간이 분무기로 물을 뿌려 주는 것도 큰 도움이 된다. 유리로 만들어진 워디안케이스 안에 자갈과 수태를 깔고 그 위에 호접란 화분을 넣어 두면 습도가 유지되면서 굉장히 고급스러운 모습을 연출할 수 있다. 아마도 호접란에게는 원래 보금자리와 가장 흡사한 최고의 거주 공간일 것이다. 꽃이 진 후 꽃대를 밑에서부터 잘라 주면 다음에 더 튼실한 꽃대가 올라온다.

늦겨울 무렵 호접란이 피기 시작하면 벌써 봄이 찾아온 듯

집 안이 밝고 화사해진다. 한번 피기 시작한 꽃들은 몇 개월씩 지속된다. 매일매일 꽃을 보다 보면 평소에 너무 진지하고 심각하던 표정도 부드럽고 온화화해진다. 비록 나만의 착각이라 할지라도 기분 좋은 일이다.

때때로 스스로 느끼는 행복감은 타인에게 인정받거나 경쟁에서 앞서는 것보다 훨씬 더 소중하게 느껴진다. 호접란은 그런 귀한 자존감을 느끼게 해 주는 고마운 꽃이다. 나와 비슷한 환경에서 살아가면서 해마다 오랜 시간에 걸쳐 꽃을 피워 주니 이보다 더 기특한 반려식물이 있을까.

7

혼자

외롭게

지내는

사람에게

유학 시절 기숙사에서 혼자 지낸 적이 있다. 고된 일과와 여러 가지 과제로 항상 바빠 외로움을 느낄 여유가 없었다. 그러나 가끔 혼자 사는 그 공간이 너무 삭막하고 칙칙하게 느껴질 때가 있었다. 식물과 가드닝 공부를 할 때라서 하루 대부분을 정원에서 온갖 식물들과 함께했다. 그런데도 정작 나만의 공간은 사막처럼 황량하고 춥게 느껴져 견디기 힘들었다. 내 방에도 따뜻한 생명력이 있는 식물들이 함께 살면 좋겠다고 생각했다.

친구 조쉬가 머무는 기숙사를 방문한 것이 결정적이었다. 조쉬는 식물 큐레이터 과정을 공부하고 있었다. 그가 머무는 방에 들어서면 거실에서 주방까지 온갖 식물들이 가득 차 있었다. 주요 관심사인 나무들뿐만 아니라 특이한 실내 식물들이 곳곳에 자리하고 있었다. 심지어 실내 채소 재배 시스템까지 갖추고 있었다. 실내 채소 재배 시스템은 그가 직접 고안해 만든 것으로 재배를 위한 조명 시설과 습도 관리를 위한 비닐 커버 등이 설치되어 있었다. 조쉬를 비롯한 친구들에게 분양받은 식물들 그리고 근처 가든샵에서 마음에 드는 식물들을 틈틈이 구입해 내가 사는 기숙사 공간을 식물들로 채우기 시작했다.

수많은 식물원을 다니며 다양한 정원의 꽃을 볼 수 있었지만 당시 내게 필요한 건 내가 직접 돌볼 수 있는 식물이었다. 식물 그 자체로 위안을 받고 싶었다. 귀가 후 혹은 쉬는 날 식물들이 자라는 공간에 조용히 앉아 듣고 싶은 음악을 듣거나 차를 마시는 기분이 꽤 근사했다. 그 식물들은 가족들과 영상통화를 할 때 훌륭한 초록색 배경이 되기도 했다. 자칫하면 우울감과 무력감에 빠질 수도 있는 먼 이국땅에서 식물들은 나와 함께하며 내 마음에 초록색 생명력을 불어넣었다.

지금 생각해 보면 그때 나와 함께한 식물들에게 매우 감사한 마음이 든다. 그 기숙사를 떠날 때 대부분의 식물을 다음 입주자에게 남겨 주었다. 물론 그중에는 조쉬에게 선물받았던 식물도 있었다. 사람과 함께하는 반려식물은 이처럼 사람에서 사람으로 전해지면서 따뜻한 사랑을 받고, 그 사랑보다 더 큰 위로와 행복감을 전해 준다.

내가 혼자 지내면서 키우기 좋아했던 식물은 대부분은 잎에 무늬가 있거나 걸이화분에서 늘어지는 모양으로 자라는 식물이었다. 혼자 있을 때 보는 것만으로 재미를 주는 종류를 선택했다. 이 식물들은 분위기를 밝게 해 주고 공간을 아기자기하면서도 풍성하게 만들었다. 볼 때마다 기분이 좋아지니 나만의 공간 속에서 사진을 찍기에도 좋다.

다른 곳에서 쉬이 볼 수 없는 특이한 식물은 기르는 재미가 또 다르다. 길거리에서 흔하게 볼 수 있는 옷이 아닌 낯선 여행지에서 우연히 발견한 특별한 아이템처럼 누군가 방문했을 때 은근히 자랑삼아 내보일 만한 반려식물이 있다.

마틸다가 아끼던 그 식물, 아글라오네마 '실버 퀸'

Aglaonema commutatum 'Silver Queen'

혼자 외롭게 지내는 사람에게

아주 오래전 보았던 영화 〈레옹〉은 참 인상적이었다. 투박하고 거친 살인 청부업자 레옹과 툭 건드리면 쓰러질 것 같은 여리여리한 소녀 마틸다의 웃픈 이야기가 흥미로웠다. 프랑스 영화 특유의 멜랑꼴리한 분위기는 오랫동안 여운을 남겼다. 이 영화 속 분위기에 더 깊게 빠져드는 데 한몫하는 소품이 있다. 바로 마틸다가 항상 들고 다녔던 화분 속 초록 식물이다. 그때는 그 식물의 이름을 몰랐다. 오랜만에 영화를 다시 보니 아글라오네마 '실버 퀸'이었다. 이름이 다소 어려울 수 있는데 널리 알려진 이름은 '차이니즈 에버그린 Chinese evergreen'이다.

아글라오네마 '실버 퀸'은 연한 초록 바탕에 진한 초록 무늬가 있는 매력적인 식물이다. 빛의 각도에 따라 연한 초록이 은빛으로 보이기도 한다. 잎만으로 이렇게 눈을 즐겁게 해 주는 식물은 흔하지 않다. 더구나 서재나 공부방 한구석에서도 건강하게 잘 자라기까지 하는 식물은 매우 드물다.

식물원 온실에 있는 열대 정원 같은 곳이 아글라오네마가 살기 가장 좋은 곳이다. 아글라오네마의 고향은 필리핀을 비롯한 동남아시아 지역으로 연중 무더운 날씨에 비가 많이 내리는 습한 곳이다. 사실 우리에게 익숙한 실내 식물 중 대다수가 이러한 열대 지방 출신이다. 아글라오네마는 최소 15도 이상 온도가 유지되어야 살 수 있다. 사람이 거주하는 실내 환경은 보통 겨울에도 따뜻하게 유지되므로 열대 식물이 살 수 있는 기본적인 조건은 갖추고 있는 셈이다.

온도와 함께 고려해야 하는 조건은 습도다. 습도 조절은 아파트 같은 주거 환경에서 식물을 기르는 데 가장 큰 어려움이다. 하지만 자주 분무를 해 주거나 화분의 흙이 마르지 않도록 해 주는 것만으로도 충분하다.

아글라오네마는 보면 기분이 유쾌해진다. 열악한 환경에서도 늘 웃음을 잃지 않는 긍정적 마인드의 소유자다. 아글라오네마를 곁에 두면 항상 기분이 좋고 왠지 좋은 일이 생길 것 같다. 그래서일까. 아글라오네마가 자라는 공간에 혼자 있어도 외롭지 않다. 물론 아글라오네마 화분과 더불어 다른 식물들을 함께 가꾸면 초록이 가득한 자연의 일부를 그대로 옮겨 놓은 듯한 신선함을 느낄 수 있다.

하루 종일 도시의 빌딩숲에 갇혀 숨이 막히고 삭막함을 느꼈다면 귀가 후 잠시라도 식물들과 함께하며 자신을 회복시키는 시간이 꼭 필요하다. 겉보기에는 효과가 없어 보일 수 있다. 그러나 몸과 마음은 분명히 초록 생명체가 주는 기운으로 놀라운 치유를 경험할 것이다.

주연보다 빛나는 조연, 아이비

Hedera helix

식물 중에는 주연보다 조연 역할을 잘 해내는 이들이 있다. 가령 다른 식물의 주변을 채워 주거나, 바닥을 가리는 역할, 벽면의 배경이 되는 역할이다. 아이비는 실내 식물 중에서 그런 용도로 가장 흔히 볼 수 있는 식물 중 하나다.

날씨 좋은 날 공원에 가면 나무 그늘이 드리워진 풀밭 위에 돗자리를 깔고 책을 읽거나 꿀잠을 즐긴다. 나무와 풀이 깨끗하게 만들어 준 공기와 초록색이 주는 편안함이 양질의 휴식을 취하게 한다. 그렇게 한번 충전을 하고 나면 그 건강한 여운이 몸과 마음에 오랫동안 남는다. 풀밭이 주는 초록색 느낌을 그대로 실내에 옮기고 싶다면 아이비가 정답이다. 잔디가 꽃이 가득한 정원을 가지런히 정리해 주고 눈과 마음을 편안하게 최고의 식물이라면, 아이비는 실내 공간에서 초록 느낌을 가장 많이 살릴 수 있는 최고의 식물이다.

아이비는 원래 유럽과 서아시아 지역의 숲에서 자란다. 느릅나무, 참나무, 단풍나무 등 낙엽수가 많이 자라는 숲 가장자리, 늘 촉촉하지만 과하게 젖어 있지는 않은 토양에서 잘 자란다. 다른 반려식물들에 비해 추위를 제법 잘 견디는 편이지만 영하로 떨어지는 곳에서는 겨울을 날 수 없다.

제주에는 송악이라는 식물이 사는데 실제로 아이비와 사촌지간이다. 송악은 강한 햇빛과 더위에도 잘 자라는 반면 아이비는 여름 무더위를 잘 견디지 못한다. 아이비는 깍쟁이처럼 여름에는 그늘지는 시원한 나무 아래를, 겨울에는 햇빛이 잘 드는 따뜻한 곳을 좋아한다. 한편 실내에서는 물만 잘 주면 까다롭지 않게 잘 자란다. 아이비에게 무더운 여름과 그럭저럭 참을 만한 겨울 중 하나를 선택하라고 묻는다면 차라리 겨울을 선택할 것이다. 그래서 아이비는 크리스마스 시즌에 인기가 많은 포인세티아, 아마릴리스, 크리스마스선인장 같은 식물과 함께 장식하기에 좋다.

몇 해 전 필라델피아 플라워쇼에서 아이비의 인기를 실감한 경험이 있다. 아이비협회 회원들이 마련한 부스에서 아이비에 대한 홍보와 상담이 한창이었다. 벽면과 공중에 매달려 자라는 다양한 종류의 아이비를 구경하며 설명을 듣고 있자니 아이비를 키우는 재미가 꽤나 쏠쏠할 것 같았다.

아이비는 빈 공간에 초록빛 숨을 채워 넣는다. 아이비가 놓인 창가는 금세 시선을 사로잡는다. 다양한 화분들 사이에서 자라는 아이비는 공간을 더 풍성하게 한다. 아이비는 걸이화분에 심어 늘어뜨리거나 화단의 빈 공간을 채우기 좋다. 사계절 내내 생기를 띠는 아이비를 대체할 수 있는 식물은 그리 많지 않다.

요즘은 조화로 만든 아이비도 진짜 아이비와 흡사해 실내 인테리어에 많이 쓰인다. 초록색 식물을 볼 때 느끼는 편안함과 안정감을 얻는 데는 손색이 없다. 하지만 가짜라는 것을 깨닫는 순간 진짜 식물이 주는 순수한 영감은 사라진다. 아이비가 실제로 호흡하고 새로운 싹을 틔우며 자라는 모습까지 조화가 흉내 내지는 못한다.

꽃 시장에서 아이비를 구입했다면 가장 먼저 해야 할 일이 있다. 새로운 흙과 함께 적당한 크기의 화분으로 옮겨 주는 것이다. 농장에서 사용하는 재배용 화분은 크기가 작고 영양분도 많지 않다. 더 왕성하게 자라려면 영 부족하다.

보통 아이비는 그늘에서도 잘 자란다. 하지만 무늬가 들어간 품종은 좀더 밝은 빛이 필요하다. 아이비는 15~20도 사이의 온도를 가장 좋아하고 규칙적으로 물을 주는 것을 즐긴다.

하지만 토양에 수분이 남아 있는데 계속 물을 주는 것은 싫어한다. 반대로 토양이 너무 오랫동안 말라 있는 것도 싫어한다. 특히 추운 겨울에 물을 과하게 주면 잎이 검게 변한다. 아이비를 키울 때 한 가지 조심해야 할 점이 있다. 아이비 유액에는 독성이 있어 어린아이나 반려동물이 있는 경우 만지거나 입에 넣지 않도록 주의를 기울여야 한다는 점이다.

나의 침실엔 산세베리아와 함께 아이비가 자란다. 공원의 풀숲에서 맛볼 수 있는 초록 생기가 가득한 휴식을 매일 밤 누리기 위해서다. 자연 속에서 보내는 시간이 스트레스와 불안을 줄여 준다면, 그 느낌을 실내 공간에 재현해도 어느 정도 비슷한 효과를 볼 수 있다. 우선 공간에 생명을 불어넣는 초록색은 심리적으로 안정감을 준다. 또 아이비 같은 식물은 공기 중에 떠다니는 나쁜 성분과 곰팡이균을 없애는 데 탁월해 침실에 두면 좋다.

실제로 아이비는 미국항공우주국이 선정한 실내 공기 정화 식물 목록에도 포함되어 있다. 깨끗해진 공기에 호흡이 편안해지면 잠도 푹 잘 수 있다. 과거 유럽에서 집 안에 나쁜 기운이 스며들지 못하도록 아이비, 인동, 마가목을 엮은 화환을 걸어 둔 것도 비슷한 이유다.

거실과 베란다의 크고 작은 화분들 사이에도 아이비가 자라고 있다. 내 방 책꽂이의 빈 공간에도 아이비 잎들이 길게 늘어져 있다. 가끔씩 예민해지거나 불안감이 밀려올 때 그 초록 잎들을 물끄러미 바라본다. 숲속은 아니지만 숲속에 사는 요정 친구들이 잠시 쉬어갈 안식처가 되지는 않을까 하는 엉뚱한 상상도 가끔 해 본다.

동그란 마음을 가진, 필레아 페페로미오이데스

Pilea peperomioides

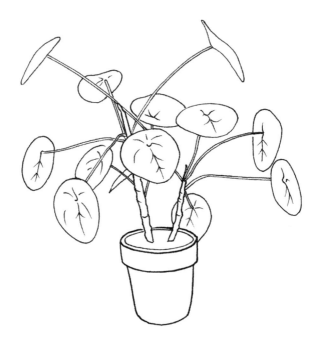

혼자 외롭게 지내는 사람에게

식물원이나 꽃 시장에 갈 때, 정기구독하는 정원 잡지를 받아 볼 때, 낯선 곳으로 여행을 떠났을 때, 다른 집을 방문했을 때 새로운 식물을 발견하면 반사적으로 눈이 번뜩인다. 저 식물은 어떤 식물일까? 뇌는 바쁘게 움직이고 스마트폰 카메라로 그 식물의 사진을 찍어 두었다가 열심히 식물도감을 뒤지며 정확한 이름을 찾는다.

미국에서 대중원예 석사과정을 밟고 있을 때 수많은 식물원과 자연 지역을 탐방했다. 그중 그랜드캐년에 갔을 때의 경험은 아직도 종종 떠오를 만큼 기억에 남아 있다. 그랜드캐년은 경이로운 풍광이 압도적이었다. 그렇지만 더 큰 관심을 끌었던 것은 식물들이었다. 식물에 모든 관심을 쏟던 나와 친구들은 하나같이 길가에 자라는 식물들과 나무들을 보며 신기해했다. 암석, 물, 바람, 하늘이 빚어낸 다채로운 지형과 자연이 심오한 영감을 주었다.

자연에 살고 있는 식물들은 그곳의 오랜 역사와 기후에 대해 그리고 그 지역이 지구의 다른 지역과 어떤 연관성이 있는지 귀중한 정보를 준다. 그것은 책과 인터넷에서 찾을 수 없는 지구의 순수한 언어로 다가온다. 식물을 좋아하는 사람들은 그 언어를 해석하고 분석해 다른 사람들에게 알린다. 왜냐하면 식물들은 지구 생태계의 균형을 잡아갈 수 있는 단서를 속

삭이기 때문이다.

몇 해 전부터 정원 잡지나 인테리어 잡지, SNS에서 자주 눈에 띄던 필레아 페페로미오이데스(이하 필레아)는 처음 보는 순간 호기심을 자극한 식물이다. 동글동글한 잎이 싱그러운 초록색 물방울처럼 대롱대롱 매달려 있는 모습이 '예쁨' 그 자체였다. 곁에 두는 것만으로도 기분이 좋아질 것만 같았다.

그러다가 우연히 한 농장에서 이 식물들이 자라고 있는 것을 발견하고는 뛸 듯이 기뻤다. 그중 가장 풍성하고 예쁘게 자란 화분을 하나 골라 집으로 가져왔다. 자세히 살펴보니 줄기 밑부분에 작은 새끼 식물들이 많이 올라와 있었다. 화분은 하나를 들였는데 알고 보니 한 가족을 통째로 입양해 온 셈이다.

필레아의 고향은 중국 남부 지방, 운남성 서쪽 고산 지역이다. 해발 고도 1500미터가 넘는 산속 그늘진 곳의 축축한 바위를 덮고 있는 부엽토에서 자란다. 이곳은 일 년 내내 봄 같은 날씨로 유명하다. 하지만 높은 산지라 겨울엔 이따금 눈이 내린다. 여름엔 평균 온도가 20도 내외이고 겨울에도 5도 이하로 잘 떨어지지 않는다. 매우 덥지도 않고 춥지도 않은 쾌적한 환경이다. 5월부터 10월까지는 강수량도 제법 많다.

필레아가 세상에 알려지게 된 흥미로운 이야깃거리가 있다. 처음 이 식물을 발견한 사람은 스코틀랜드 출신 식물학자 조지 포레스트였다. 하지만 오랫동안 잊혔다가 1945년 노르웨이 출신 선교사 아그나 에스페그렌이 윈난 지방에서 이 식물을 다시 발견했다. 그는 이 식물의 줄기 일부를 노르웨이로 가져가서 키웠는데 새끼 식물들이 생겨날 때마다 지인들에게 나눠주었다.

결국 이 식물은 스칸디나비아를 거쳐 영국을 비롯한 유럽 그리고 많은 사람들에게 퍼져 나갔다. 식물학자들의 정확한 연구 기록이 없었지만 아마추어 가드너들을 중심으로 세대에서 세대를 거듭하며 많은 사람들에게 알려졌다. 매우 느리게 자라는 필레아의 특징을 생각하면 이 식물에 대한 사람들의 애정과 나누고자 하는 마음이 대단하게 다가온다. 1980년대에 이르러서야 영국 큐가든*Kew Gardens*에서 발행하는 잡지를 통해 이 식물에 대한 정확한 정보가 정식으로 소개되었다.

중국 윈난성 고산 지대의 숲속 환경을 생각하면 필레아는 직사광선이 아닌 밝은 빛을 좋아한다는 것을 추측할 수 있다. 필레아는 그늘에서 자라지만 빛을 더 많이 흡수하기 위해 팬케이크 같은 동그란 잎을 키운다. 바위 위에 쌓인 부엽토에서 잘 자라는 것을 보면 배수가 잘되는 양질의 흙을 좋아한다. 따라서 화분에서 키울 때는 부엽토나 코코피트가 어느 정도 섞여 있는 적당한 보습력을 지닌 원예 상토가 알맞다.

한동안 비가 오지 않을 때도 메마른 흙에서 어느 정도 견딜 수 있다. 그래서 필레아에게 물을 줄 때는 흙이 어느 정도 말라갈 때 듬뿍 주는 방식으로 한다. 잎이 좀 처져 보인다면 목이 마르다는 신호다. 봄부터 여름 사이에 따뜻하고 맑은 날씨가 계속되면 물도 더 많이 필요하다.

자생지에서는 눈 내리는 환경에서도 자라지만 집에서 키울 때는 온도가 10도 이하로 내려가지 않도록 해 주는 게 좋다. 겨울에는 공기가 차가워진 만큼 물을 주는 횟수를 줄이되 촉촉한 숲속 공기와 비슷하도록 분무기로 자주 물을 뿌려 주면 겨울을 건강하게 날 수 있다.

필레아가 상업적인 유통 수순을 밟지 않고 자발적으로 널리 퍼질 수 있었던 이유 중 하나는 번식이 아주 쉽다는 것이다. 밑에서 앙증맞은 새싹처럼 올라오는 새끼 식물을 토양 밑 2~3센티미터 부분에서 날카로운 칼로 잘라 새 화분에 심으면 끝이다. 땅 위의 줄기에서도 이런 새끼 식물들이 자라는데 깨끗하게 잘라서 물에 담가 놓으면 1~2주 후에 뿌리가 자라난다. 이것을 화분에 옮겨 심으면 된다.

필레아는 어린 강아지나 고양이처럼 늘 곁에 두고 싶은 귀여운 식물이다. 보고 또 보아도 질리지 않는다. 아끼는 피규어 혹은 디자인이 예쁜 책들처럼 볼 때마다 기분이 좋다. 살아 있기까지 하니 혼자 있어도 혼자 있는 것 같지 않다. 불교에서는 돌이나 물처럼 생명이 없는 존재와도 마음을 나눈다고 하는데, 살아 있는 식물이라면 훨씬 더 쉽게 마음을 주고받을 수 있지 않을까. 눈이 닿는 곳마다 이렇게 예쁘고 싱싱한 식물들이 함께하고 있다면 공부든 집안일이든 독서든 음악 감상이든 집에서 혼자 머무르며 소일거리 하는 시간이 더없이 행복하다.

3장

식물과 함께 살아간다는 것

식물을 사랑하는 사람들

　식물원에서 가드너로 일하면서 나처럼 식물을 좋아하는 가드너 친구들을 많이 만날 수 있었다. 어떤 가드너는 뼛속까지 식물에 대한 관심과 사랑으로 가득 차 있다. 또 어떤 가드너는 그저 하루하루 정원에서 일하는 것을 즐기며 나머지 시간은 여행과 취미 생활로 보낸다. 내가 만난 열성적인 가드너들 중에는 식물원에서 일하기보다는 다른 일을 하면서 집에서 자신이 좋아하는 식물을 수집하고 기르는 사람들도 많았다.

　찰스는 식물을 끔찍히 사랑하는 남자다. 그는 자기 집 정원으로 사람들을 초대해 투어를 시켜 주면서 식물들을 하나하나 설명해 주는 것을 좋아했다. 여름이 시작되던 어느 날, 그의 정원을 방문했다. 그 정원은 작은 식물원 같았다. 집 앞 정원뿐 아니라 뒤쪽으로 돌아가면 비밀의 정원처럼 작은 숲길이 있고 시냇물도 흘렀다. 집을 지을 때 모종으로 심었던 동백나무는 이제 제법 자라 겨울을 거뜬히 나고 있다면서 자랑스러워했다. 중국에서 들여왔다는 희귀한 나무는 때마침 꽃을 피우고 있었는데 그는 더 으쓱해하며 설명을 이어 갔다.

식물을 기르고 정원을 가꾸는 일은 어떤 사람에게는 다른 사람들과 함께 나누고픈 자랑이다. 그래서 더욱더 예쁘게 가꾸려는 열망을 갖게 된다. 예쁜 정원을 갖고 싶어 하는 사람들에게 많은 영감과 아이디어를 준다. 어쩌면 자기가 겪었던 시행착오와 경험을 다른 사람들과 공유하고 나누는 것 자체가 그 정원의 주인에게는 큰 즐거움이 되는지도 모른다. 애지중지하는 꽃들을 왜 자랑하고 싶지 않겠는가. 자녀를 키우면서 벌어지는 시시콜콜한 이야기들을 또래 부모들, 친구들과 이야기하듯이 식물을 키우는 일도 마찬가지다.

아마추어 원예가로 반려식물들과 함께 살아가는 내 친구 린은 또 다른 식물 애호가다. 그녀는 세계 여러 지역에서 수집한 식물들을 위해 집 옆에 유리온실까지 지었다. 그 온실에는 온갖 탐나는 식물들이 가득하다. 쉽게 볼 수 없는 희귀한 품종부터 오랫동안 정성껏 키워 세월의 흔적을 고스란히 간직한 경외로운 식물도 있다.

그녀는 해마다 열리는 플라워쇼에 출품하기 위해 수백 종류의 식물들을 정성을 다해 길렀다. 십수 년이 넘도록 해마다 플라워쇼에 참가하며 받은 상만 해도 어마어마하다. 그녀는 자신이 보유한 식물들을 기르는 데는 웬만한 식물 전문가들보다 지식과 경험이 더 풍부했다. 식물의 역사에도 관심이 많아 유럽을 중심으로 과거에 활동했던 유명한 식물 수집가들에 관한 이야기도 곧잘 들려주곤 했다.

그녀는 삶 대부분이 식물과 연결되어 있었다. 그녀에게 식물은 단순한 소장품이 아니었다. 매일 식물들을 살피고 돌보는 것은 자녀를 키우는 일 못지않게 시간과 정성이 많이 든다. 귀한 자식들을 먹이고 입히듯, 식물들이 사는 환경과 해 줘야 하는 일들을 살폈다. 자연 상태에 있지 않는 한 반려식물은 그냥 알아서 잘 크고 건강해질 수 없다. 그때그때 필요한 욕구들을 충족시켜 줘야 생존할 수 있다.

집에서 반려식물을 기르다 보면, 식물 하나하나 여러 문제들이 발생한다. 처음 길러 보는 식물들은 키울 때는 첫 아이를 기를 때처럼 온갖 새로운 돌발 상황에 부딪치며 당황한다. 한번은 농장에서 아주 근사하게 자란 커피나무에 반해 집으로 들였는데 잠시 한눈을 판 사이에 여기저기 깍지벌레가 생겨났다.

뒤늦게 손으로 잡기도 하고 살짝 약을 치기도 해보았지만 쉽게 없어지지 않았다. 가만히 붙어 있는 것 같은 녀석들이 도대체 언제 그렇게 커피나무 줄기와 잎을 타고 휘젓고 다니는지 커피나무는 곧 온통 끈적끈적한 깍지벌레의 흔적으로 뒤덮였다. 볼 때마다 깍지벌레를 잡아주고 약을 뿌려 주었다. 상태가 많이 나쁜 잎과 줄기는 모두 잘라 주었다. 일 년이 지나자 커피나무는 줄기도 많이 빈약해지고 새잎도 잘 나지 않았다. 처음 집에 올 때와는 전혀 다른 볼품없는 모습이 되고 말았다.

돌이켜 보면 깍지벌레만의 문제는 아니었다. 커피나무는 어느 정도 밝은 빛을 쐬고 적절히 습도가 유지되는 통풍이 잘 되는 곳에서 자라야 하는데 집 안의 조건에서는 한계가 있었던 것이다. 결국 줄기를 거의 모두 자르고 더 밝은 곳으로 옮긴 후 겨우겨우 올라온 새로운 줄기를 받아 키워야 했다.

어떤 환경에 두어도 둔감한 식물이 있는가 하면 아주 작은 변화에도 민감한 식물이 있다. 실내에서 키우는 반려식물들도 서로 다른 군상들이 모인 커뮤니티다. 원산지도 다르고 자라 온 환경도 다르다. 종류가 다양할수록 그 차이는 더 크다. 소리를 내지도 움직이지도 못하는 이 식물들에게 사람은 거의 신과 다름없는 존재다.

현실적으로 말하자면 이 식물들의 생존과 직결되는 밥과 물을 책임지는 사람, 아프다고 말하지 않아도 알아서 치료해 주고 병해충을 예방해 주는 의사 역할, 제 때 꽃이 피고 번식을 할 수 있도록 돕는 산파 역할, 건강하게 살기 힘든 곳에 놓인 식물들의 고충을 파악하고 환경을 개선해 주려고 노력하는 주민센터의 민원 담당 공무원 역할 등을 성실하게 해 주어야 한다.

반려동물을 목욕시키고, 산책시키고, 병원에도 데려가고 하는 일들에 비하면 반려식물에게 해 줘야 하는 일들은 별 게 아니다. 고작 해야 제때 물을 주고 가끔 비료를 주는 정도다. 여기에 분무기로 약이나 물을 뿌려 주는 일 정도가 추가된다. 문제는 이마저도 제대로 해 주지 않아 반려식물들이 아주 괴롭게 살고 있다.

아직 충분히 수분을 머금고 있는 화분에 매일 물을 주어 물고문을 시키는가 하면, 액체로 된 비료 스틱만 하나 꽂아 놓고 반 년 이상을 방치하는 일이 다반사다. 깍지벌레가 끼기 시작한 지 오래인데도 한참이 지나서야 소복이 눈이 쌓인 듯 줄기가 온통 깍지벌레로 하얗게 뒤덮여 죽어 가는 식물들을 발견할 때는 또 얼마나 많은가.

형편상 키우기 어렵게 되었다고 반려동물을 유기하는 사람처럼 자신의 무지와 게으름으로 식물을 방치하고 죽게 놔두는 사람도 어느 정도는 양심의 가책을 느껴야 마땅하다. 물론

동물과 식물은 근본적으로 다른 존재이기에 단순 비교가 어렵다. 반려동물만큼 반려식물 보호에 대한 책임을 따지는 데는 무리가 있겠지만 적어도 자신이 키우는 식물을 반려식물이라고 부르고 그렇게 키우기로 했다면 좀더 애틋한 마음을 가져야 하지 않을까?

꽃나무에게 배우는 청소년

가끔 중고생들과 식물 이야기를 나눌 기회가 있다. 자극적이고 재미있는 것을 좋아하는 요즘 아이들에게 식물은 지루하고 심심하다. 대개 수업을 시작할 때는 무관심하고 무표정하다. 한번은 중학교 2학년 남학생들을 대상으로 수업을 진행하게 되었다. 변성기를 거치며 목소리가 굵어진 그 아이들 중에는 나보다 덩치 큰 아이도 있다.

이 수업의 미션은 식물과 관련한 직업을 소개하고 정원으로 나가 나무와 꽃을 직접 관찰하는 것이다. 일단 아이들의 주의를 끌어모으는 것이 관건이다. 한창 예민하고 감수성이 넘치는 학생들은 오감에 예민하다. 빨간 점퍼를 입은 유난히 표정이 어두워 보이는 아이가 눈에 띄었다. 여러 가지 꽃 색깔의 의미를 이야기하면서 그 빨간 점퍼를 입은 아이를 지목했다. 빨간색은 사랑과 열정을 상징하는데 "나를 주목해 주세요"라는 뜻도 있다고 말했더니 반 아이들 전체가 웃으며 그 친구는 원래 튀는 것을 좋아한다고 맞장구친다.

꽃 중에도 그런 꽃이 있다며 자연스레 말을 이어간다. 정원이란 무엇인지, 4차 산업혁명 시대에 원예가, 정원사, 조경사, 식물학자, 육종가의 직업 전망에 대해 이야기를 풀어 나간다. 정원을 둘러보러 나갈 때쯤 학생들의 눈빛이 사뭇 달라지는 것을 느낀다.

정원을 함께 걸으며 나무와 꽃 이야기를 나눈다. 디지털 가상 세계가 아닌, 모든 것이 살아 있는 진짜 자연과 아날로그 감성 공간을 함께 즐긴다. 겨울철 산수유며 감나무에 대한 이야기, 나무껍질을 보고 어떤 나무인지 구별하는 방법에 대해, 편백나무와 화백나무 잎은 어떻게 다른지 이야기한다. 만병초 잎이 추위에 오그라드는 이유를 말해 주자 아이들은 모든 식물에 호기심을 발동하기 시작한다. 빨간 점퍼는 유난히 내 옆에 가까이 붙어 다니며 스마트폰으로 식물 사진을 찍고 질문을 쏟아 냈다. 나무수국의 빛바랜 꽃송이가 마음에 들었는지 이름을 가르쳐 달라고 했다.

정원 교육은 정신 건강에 이롭다. 자존감을 끌어올리고 긍정적인 사회성을 길러 준다. 또 건강한 식습관을 갖게 하고,

인문학적 감수성과 학업 성취도를 높인다. 어려서부터 식물을 접한 아이들은 어른이 되어도 식물을 가까이하고 자연을 사랑할 가능성이 크다. 디지털 화면에 사로잡힌 아이들에게 정원의 매력을 가르쳐 주는 것은 어른들의 몫이다.

아이를 건강하게 자라게 하는 식물 교육

마트에서 장을 보다가 마음에 드는 식물 화분 하나를 쇼핑 카트에 담았다. 다른 물건들 사이에 화분이 자리 잡고 있으니 카트를 밀고 다니는 내내 기분이 좋았다. 그런데 초록색 잎들로 풍성한 화분이 나에게만 좋은 건 아니었다. 카트 속 식물이 지나가는 여러 아이의 시선을 붙잡았다. 그 아이들의 얼굴에 눈과 마음이 함께 웃는 미소가 피어오른다.

초롱초롱한 아이들의 눈망울을 보면서 미국 한 식물원의 재미있는 식물 체험 프로그램이 떠올랐다. 아이들이 직접 카트를 밀며 각종 채소와 꽃들을 쇼핑하는 체험이다. 자신들의 눈높이로 만들어진 정원에서 행복하게 웃는 아이들의 모습이 참 인상적이었다. 아이들은 씨앗을 헤아리고 식물의 성장을 측정하며, 수학적 개념뿐 아니라 정원 속 식물의 다양한 모양을 찾아내는 기하학, 꽃과 잎의 아름다움을 그리는 미술 분야를 자연스레 접한다. 또 즉각적인 자극과 만족을 원하는 아이들이 식물을 기르며 인내와 책임감을 알게 된다. 계획을 짜고 문제를 해결하는 법도 배운다.

국내에도 수년 전부터 식물 교육 프로그램이 등장했는데 아이들과 부모들 모두 만족도가 꽤 높다. 아이들은 본능적으로 초록 식물을 좋아하고, 그것을 기르는 일을 좋아한다. 또 그러한 활동을 통해 신체와 정서를 전인적으로 발달시키고, 자신을 둘러싼 자연과 사람들의 관계를 살필 줄 알게 되니 이보다 더 좋은 교육이 있을까 싶다.

식물 교육은 선택이 아니라 필수라고 말하고 싶다. 아이들이 우리의 미래라면 식물 교육은 그 아이들의 건강과 행복, 풍성한 삶을 보장해 줄 수 있는 보험과 같은 것이다. 혹시 아는가. 어린 시절 텃밭에서 겨자무를 키워본 경험으로 세계적인 토마토케첩 회사의 설립자가 된 사례처럼 당신의 자녀에게서 그런 재능을 발견할지. 아이들이 부모와 함께 계절의 변화와 자연의 신비를 느낄 수 있는 식물 체험을 좀 더 많이 접할 수 있기를 소망해 본다.

반려식물을 건강하게 키우는 법

반려식물을 구입할 때 알아 두어야 할 것

꽃 시장에서 다양한 반려식물을 구입해 키워 보고 몇 가지 사실을 깨달았다. 첫째, 식물을 고를 때 건강 상태와 병해충 여부를 꼼꼼히 살펴야 한다. 전체적으로 줄기와 잎이 균형이 잘 잡혀 있는지, 잎 끝부분이 시들었거나 노랗게 변색된 잎은 없는지, 이제 막 나오고 있는 새순들이 싱싱해 보이는지 살펴본다. 잎의 뒷면까지 자세히 보면서 깍지벌레, 진딧물, 응애 등 해충의 흔적이 있는지 매의 눈으로 꼼꼼히 관찰한다. 이를 소홀히 하면 자칫 집에 있는 다른 식물들에 병해충을 옮겨 피해를 줄 수 있다. 꽃 화분이라면 피어 있는 꽃과 아직 덜 핀 몽우리들이 적당히 섞여 있는 것을 고른다.

둘째, 재배용 플라스틱 화분이나 비닐 포트에 심겨 있는 식물은 가급적이면 구입하자마자 분갈이를 하는 게 좋다. 농장에서 대량 생산된 후 그대로 꽃집에서 판매되는 식물들은 대체로 심겨 있는 흙과 화분의 품질이 떨어지기 때문이다. 간혹 그럴싸한 화분에 심겨진 식물도 막상 그 속에 채워진 흙과 재료들이 형편없는 경우가 많다. 또 꽃집이나 농장에서 화분 생활을 오래 한 식물의 경우 화분 속 토양의 양분이 거의 고갈된 상태이거나 여러 병해충이 잠복하고 있을 수 있다.

반려동물을 입양하면 포근하고 깨끗한 새집을 마련해 주듯 반려식물에게도 앞으로 행복하게 살아갈 깨끗하고 좋은 품질의 토양과 화분을 준비해 주는 것이 기본이다. 이때 물 빠짐 정도, 필요한 토양 성분들을 각 식물에 맞추어 조제해 준다. 기본적인 토양 재료를 구비해 놓고 혼합 비율을 조절하면 다양한 용토를 직접 만들 수 있다. 또 언제든지 분갈이를 할 수 있다. 식물에게 예쁜 화분보다 더 중요한 것은 그 화분 안에 들어갈 흙이다. 따라서 토양에 특별히 신경을 써야 한다.

셋째, 꽃이 아주 잘 펴 있는 화분을 구입할 때는 먼저 그 식물을 어디에 두고 기를지 생각해야 한다. 가령 꽃이 너무 예뻐 구입한 식물이 있는데, 그 식물이 햇빛을 아주 좋아하는 식물이라고 가정해 보자. 이 경우 집 안에 볕이 많이 들지 않는다면 꽃은 금방 쇠하고 식물의 상태가 점점 나빠질 것이다.

한편 작고 아담한 크기로 자라면서 크고 화려한 꽃들로 뒤덮인 초화류 중에는 농장에서 생장억제제를 뿌려 재배한 경우가 많다. 생장억제제는 말 그대로 줄기가 자라는 것을 억제해 식물이 작은 키로 꽃을 피우게 한다. 그런데 생장억제제가 과하게 쓰인 식물들은 꽃이 진 다음 다시 정상적인 컨디션으로 깨어나지 않을 수 있다. 이 때문에 관리만 잘해 주면 다시 꽃을 피울 수 있는 식물들이 꽃을 한 번 피우고 나면 비실거리다가 시들어 죽기도 한다.

하지만 일단 꽃이 정말 마음에 든다면 그냥 구입해 키워 보는 것도 나쁘지 않다. 선물로 받은 꽃다발을 화병에 꽂아 두고 감상하면서 며칠 동안 행복감에 젖는 것처럼 이런 꽃 화분들도 한 계절 혹은 한시적으로 키우는 것이다. 원래 한해살이 꽃인 경우엔 당연히 생리가 그러하다.

반려식물을 위한 기본 도구

반려식물 관리에 필요한 도구와 용품은 종류와 기능이 매우 다양하다. 아주 커다란 화분부터 미니 화분까지 그리고 물을 줄 때 필요한 크고 작은 물조리개와 분무기는 기본이다. 농약과 비료를 쉽게 뿌릴 수 있게 하는 압축 분사기, 시든 꽃과 잎, 줄기를 깨끗하게 잘라 줄 꽃가위와 굵은 가지를 잘라 줄 전정가위, 소독용 알코올, 원예용 장갑 등이 필요하다. 그 외에도 식물을 옮겨 심을 때 필요한 모종삽과 갈퀴, 높이 자라는 꽃대와 줄기를 지지해 줄 지주대와 원예용 끈, 식물 이름표 따위가 필요하다.

건강한 토양 레시피를 위한 재료

농장에서 대량으로 재배한 화분을 집 안에 들였을 때는 먼저 흙 상태를 확인해야 한다. 그 화분들이 담긴 흙은 대부분 양분이 고갈되었거나 배수가 잘 안 되거나 여러 병해충이 잠복해 있을 위험이 있다. 시중에 다양한 원예 상토와 분갈이용 흙이 나와 있는데, 품질이 천차만별이니 브랜드와 성분, 배수성 등을 꼼꼼히 살펴야 한다. 멋모르고 구매해 사용했다가 결과적으로 식물이 잘 자라지 못해 낭패를 보는 경우가 많다. 식물의 종류 따라 직접 맞춤형 토양을 조제해 언제든지 최상의 토양으로 분갈이를 할 수 있도록 기본적인 토양 재료를 구비해 놓으면 좋다.

펄라이트

진주암을 고온으로 튀겨 만든 것으로 입자가 크고 매우 가벼워 뿌리 사이에 공기가 잘 통하고 물이 잘 빠진다.

질석

운모계 광석을 고온으로 튀겨 만든 것으로 입자가 작고 가볍다. 수분과 양분을 유지하면서도 공기의 흐름, 물 빠짐을 좋게 해 준다. 파종이나 꺾꽂이 등 식물을 증식할 때 펄라이트와 함께 많이 쓰인다.

바크

소나무, 전나무 껍질 등을 분쇄해 만든 것으로 입자가 커서 주로 큰 화분 용토에 섞어 공기 흐름과 물 빠짐을 좋게 하는 데 쓰인다. 또 화분 표면에 수분 증발을 막아 주는 용도로 사용한다.

난석

화산석의 한 종류로 공기구멍이 많아 가볍고, 다양한 크기가 있다. 주로 난 재배용으로 사용하지만 배수성이 뛰어나 분갈이 흙에 섞어 사용하거나 화분 밑에 배수층으로 사용하면 좋다.

코코피트

코코넛에서 섬유질을 추출하고 남은 부산물을 가공하여 만든 것으로 가벼우면서도 수분과 양분 유지, 토양 미생물 활동에 큰 도움이 된다.

자갈

화분 밑바닥에 배수층을 만들거나 화분 받침에 깔고 물을 담아 공중 습도를 높이는 데 사용한다. 자갈은 다양한 종류의 크기와 색깔이 있는데 미니어처 가든, 테라리움 등을 꾸밀 때 장식으로 쓰기 좋다.

모래

물 빠짐이 좋으면서도 무게감이 있는 화분을 만들고 싶을 때 용토에 섞어 사용하면 좋다. 특히 수생 식물의 경우 펄라이트처럼 가벼운 재료는 물 위로 떠오르게 되므로 대신 모래를 사용한다.

반려식물의 병해충 관리

식물을 키우다 보면 아무리 조심해도 어떤 병해충은 피할 수 없이 발생하는 경우가 있다. 무엇보다 미리 예방하는 것이 중요하고, 이미 발생했다면 바로 치료해 주어야 한다. 기본적으로 탄저병이나 무름병, 각종 곰팡이병에 사용하는 살균제가 필요하다. 또 응애, 진딧물, 깍지벌레 등 해충 방제에 사용하는 살충제가 필요하다. 인체에 무해하고 실내 사용에 적합한 친환경 제품을 선택하는 것을 권한다. 병해충을 예방하려면 평상시 환기와 통풍을 자주 해 주는 것이 좋다. 직접 천연 농약을 만들어 병해충 방제에 사용할 수 있는 방법도 있다. 가령 1.5리터짜리 페트병에 물을 담고 마요네즈를 테이블스푼 반 정도 섞어서 뿌리면 진딧물이나 흰가루병 같은 병해충을 예방하고 구제할 수 있다.

반려식물의 영양 관리

많은 사람들이 식물에게 양분을 주는 것을 간과한다. 식물은 대부분 광합성을 통해 필요한 양분을 스스로 만들지만, 화분이라는 제한된 공간에서 더 건강하게 자라고 꽃을 잘 피우게 하려면 적당한 시기에 양분 보충이 필요하다. 특히 질소는 잎과 줄기, 인산은 꽃, 칼륨은 뿌리에 좋은 필수 영양 성분이다.

식물의 종류와 시기에 맞게 각각의 영양소의 비율과 미네랄을 취사선택한다. 손쉽게 빠른 효과를 보기 위해서는 액체나 분말로 된 농축 비료를 물에 희석하여 주기적으로 뿌려 주고, 오랫동안 지속적인 효과를 보려면 서서히 녹는 완효성 알갱이 비료를 사용하는 것이 좋다. 많은 종류의 식물을 체계적으로 잘 관리하려면 나만의 반려식물 노트를 만들거나 엑셀 파일로 정리하면 유용하다. 식물별 관리 정보와 이력을 기록하는 것도 한 가지 방법이다.

식물의 위로

초판 1쇄 발행   2019년 4월 5일
초판 3쇄 발행   2020년 6월 10일

지은이   박원순

펴낸곳   (주)행성비
펴낸이   임태주

책임편집   박강민
그림   고성광
디자인   이유나

출판등록번호   제313-2010-208호
주소   경기도 파주시 문발로 119 모퉁이돌 303호
대표전화   031-8071-5913
팩스   031-8071-5917
이메일   hangseongb@naver.com
홈페이지   www.planetb.co.kr

ISBN 979-11-87525-99-8 03480

행성B는 독자 여러분의 참신한 기획 아이디어와 독창적인 원고를 기다리고 있습니다.
hangseongb@naver.com으로 보내 주시면 소중하게 검토하겠습니다.